丹麦

瓦埃勒

斑驳的阳光，古老的教堂，岁月在青灰色的石板上，沉淀着。

哥本哈根

痴情的小美人鱼，还在望着大海的方向。

瓦埃勒

蓝天白云下面，五彩缤纷也不显庸俗。坐在露天的咖啡吧里小酌，抬眼便是晴空下的雨伞，靓丽缤纷。

卑尔根

喜欢这个城市丰富的色彩。手机拍摄的时候，旁边的小哥乱入镜头，一个巧合，让这张照片更加鲜活起来。

卑尔根

虽然天空乌云压城风雨欲来，但这些建筑物的色调仍然和心情一样靓丽。

风

布道石

趴在布道石边沿照相的时候，真的有些胆战心惊：脚下深不可测，一失足就成千古恨了。

布道石附近

河水像冰川的颜色，石头是地球裸露在外面的骨骼。

拉斯维加斯

这个城市，复制了许多世界景点。比如美国自由女神像，巴黎埃菲尔铁塔，还有这个威尼斯城。整个城市，给人一种奢华和浮躁的感觉。

布莱斯峡谷

大自然鬼斧神工。这种地形地貌，确实值得美国人骄傲。

美国大峡谷

在美国大峡谷面前，仿佛能看见苍茫的历史，不由得感慨万千。人是多么渺小的生物，几万年沧海桑田，不过弹指一挥间。还有什么，是值得计较的。

布拉格

时光虚度在布拉格，你们定格在我的镜头里，美好印在了记忆里。

布拉格天文钟

等着天文钟敲响的那两分钟里，我许了愿：和身边的人，走更多的地方，身体健康，家人朋友平安。

幸福需要的钱远比你想象得少

Happiness is a free luxury

沐儿 著

花山文艺出版社

图书在版编目（CIP）数据

幸福需要的钱，远比你想象得少 / 沐儿著 .—石家庄 : 花山文艺出版社 , 2017.8

ISBN 978-7-5511-3611-2

Ⅰ . ①幸… Ⅱ . ①沐… Ⅲ . ①幸福 – 通俗读物 Ⅳ . ① B82-49

中国版本图书馆 CIP 数据核字 (2017) 第 192927 号

书　　名：幸福需要的钱，远比你想象得少
著　　者：沐　儿

责任编辑：梁　瑛
责任校对：温学蕾
美术编辑：胡彤亮
出版发行：花山文艺出版社（邮政编码：050061）
（河北省石家庄市友谊北大街 330 号）
销售热线：0311-88643221/29/31/32/26
传　　真：0311-88643225
印　　刷：北京天宇万达印刷有限公司
经　　销：新华书店
开　　本：880 × 1230　1/32
印　　张：8
字　　数：190 千字
版　　次：2017 年 9 月第 1 版
2017 年 9 月第 1 次印刷
书　　号：ISBN 978-7-5511-3611-2
定　　价：39.80 元

目录

第一辑　精致轻松的生活，才是幸福的生活

第二辑　幸福，并不需要很多钱

第三辑　怎样选择伴侣，才会幸福

第四辑　让自己变得优秀，是幸福的基础

第五辑　幸福需要的钱，真没有想象得多

第一辑

精致轻松的生活，才是幸福的生活

【1】幸福大萧条时期，日子该怎么过?

白先生在部队做兼职，我因此有机会认识很多在荷兰部队供职的人士。今年夏天，我们受邀参加一个少将的退休聚会，聚会是在少将自己家里举行的。

他家院子并不算太大，但整齐有序。一排排绿植清爽干净，一簇簇花出其不意地从绿植旁边探出头来，花色繁复，争奇斗艳。院子的一边是个小喷泉，喷泉下面，是汩汩的流水声，曲折的鱼池曲径通幽，七八尾鱼在里面自在地游。

少将夫人在门口布置了几张吧台式小圆桌，流苏的桌布，不经意地搭在圆桌上，与其上的各种红酒香槟相映成趣。少将亲自给我们烧烤，而客人们，则端着高脚杯，一桌桌地打招呼聊天，气氛轻松随意。

愉悦的晚餐之后，我们在玻璃屋里吃甜点喝咖啡，柔和的灯光，舒缓的音乐，看着屋外遛狗的漫步的行人，十分惬意。少将夫人说，这个阳光玻璃屋，是他们俩亲自改造的，也是他们这几年最得意的杰作。

少将夫人衣着简朴，没有昂贵的首饰，也没有大牌的包包，他们家最奢侈的物件，是少将刚买的一辆宝马摩托车。少将说："趁现在我还骑得动，有空的时候，带上老伴，长途短途，随心随性。"语气里，一半是退休时难免的失落，一半是对未来生活的期待。

他们家还有一件值得一提的家什，是少将自己设计的3D家庭影院，虽然空间不够大，但是音响效果却极好。他给我们演示了一把《阿凡达》，所有人都赞赏不已。白先生回到家之后，还惦记着说，以后我们也要弄一个那样的家庭影院。

但我印象最深的，却是他们家的客房。墙壁上挂着莫奈的画作，应该是赝品，但可以看出主人的品位；一张大床，洁白的印着两片羽毛图案的被罩，被褥蓬蓬松松，一看就是新的；床头柜上一盏雅致的小灯、一本书，还有一个小小的记事本和一支笔，柜子下边放着一双棉拖鞋。

这间客房里，让我感受到了贵族的气息。一切，都是极为用心的。

最后我发现，他们家的每一个角落，都经过主人精心的布置，每一个小物件，都是精挑细选出来的，虽然东西并不多，但每一样，都能愉己娱人。女主人看起来并不雍容华贵，但他们的家里，却打理得十分精细。

我暗暗感叹，这，才算是活得精致吧。

脑海中忽然浮现读研时候的情景，那时，比我高一届的师姐有个室友，典型的肤白貌美大长腿，说起话来温柔委婉，十分有涵养的样子，简直就是我心目中的女神。我曾经好几次跟师姐说，你这个室友太“卡哇伊”了，追她的人一定很多吧。

师姐淡淡一笑说：“追她的人是很多，可是如果共同生活了，恐怕不要一周就要分手……你都不知道她有多邋遢。”我心里一直不以为然，想着这么美好的姑娘，衣服搭配如此讲究，妆容精致到几近完美，就算再邋遢，应该也邋遢不到哪儿去吧。

后来有一次我去师姐宿舍玩，面前的景象完全颠覆了我的三观。

师姐的书桌和床，收拾得井井有条，蚊帐里面，就是她的小世界，可紧挨着师姐床铺的那一边，柜门开着，衣服从上一格连着中间一格再连着最下面，地上也都是衣服，路都走不过去。

看我花容失色，师姐淡笑着说道："现在你相信了吧？"我直呼难以置信。师姐还说："开始她们两个室友还帮她整理，后来也懒得管她了，反正那块是她的地盘，爱堆在地上就堆吧。"

"来来，你再看看她的桌子。"师姐招呼着我。我探头一看，天啊，各种化妆品的瓶瓶罐罐，歪着的，倒着的，摔断了的口红，用完了的眼影……整个桌面摆得满满当当，电脑被可怜地挤到一个角落，上面还有粉底液的痕迹。

"怎么会这样呢？"我问。

"每天赖在床上，上课前半小时才起床，起床还得化妆，等到她换衣服出门，就差不多是上课时间了。衣服找不到，就只好乱翻，如果是出门约会，就更得大动干戈去找合适的衣服搭配了。一般那时候，衣服都堆在地上，然后再胡乱地塞回柜子里一些。"师姐说。

眼见为实，自从知道了她在宿舍里的样子后，她在我心中的女神地位一落千丈。她在人前的光鲜和她住处的奇乱形成鲜明的对比，以后再看到她，我再也不觉得她耀眼了。相反，看到她，我就想起她宿舍地上的衣服堆，十分讽刺。

出门的时候，打扮成女神；生活的地方，却像是猪窝——这只能说明，你是在为别人活。

【2】只要外表精致，其实并不难，难的是有一颗精致的心

被称为中国最后的贵族的郭四小姐郭婉莹，年轻的时候，家境优渥，众星捧月。可是后来，她被下放到农村，沦落到去洗马桶、养猪。即使是在这样的困境下，郭四小姐也精心打理自己，把仅有的几件衣服，穿得干干净净，在煤球炉上做蛋糕，不怨不恨，靠自己的一双手，养活一对儿女成人。

苦难并没有夺走她的从容和优雅。她的家人都在美国，只有她遭遇这个不幸，但她只是淡然地说一句："这就是我的一生。"

在巴黎和柏林，你看到的美女大不一样。巴黎的女性，化精致的妆容，穿摩登的衣服，背奢侈的包包，引领着时尚的潮流；而柏林的女性，大部分穿着休闲，妆容随意，牛仔裤配平底靴，是最常见的打扮。

但是，德国人的家里，却往往不简单。他们的厨房，必定设施完善；他们的炊具，必定质量上乘；盛食物的器皿，每一个端出来，都和菜肴相得益彰……也许正因为这样，德国才会发明出那么多有名的厨具。据说在欧洲，讲究一些的人，他们的生活物件，必定是"德国制造"。

其实，在干净整洁的房子里，一束鲜花，几盆绿植，就能点亮心情；餐桌上一套好看的杯盘碗盏，也能使生活瞬间明悦起来。

古人云：一屋不扫，何以扫天下？要想活得精致，首先就应该把家打理好。不管房子是租的还是买的，生活却真真实实是我们自己的。

【3】美丽优雅，是女人一生的使命

我家白先生的父母亲，头发都已银灰，但他们的日常生活，却总是让我赞赏不已。

公公出门必定西装革履，领带跟衬衫搭配得很合时宜。冬天的时候，外面套一件呢绒大衣，是他的固定装扮。

最讲究的，其实是婆婆。她喜欢穿粉色或白色，不管哪个色系，必定清爽干净；她的口红一定是大红色，用她的话说，老了，皮肤难免晦暗，要用唇色提亮一下；若是在春暖花开的日子里，她还会偶尔系一方丝巾，或是搭上我送给她的珍珠项链，看起来神采奕奕。

公公和婆婆两个人一起出门，总是婆婆挽着公公的胳膊，脚步轻快。我在后面，心生感动：与一个人，相爱一辈子，生活不凑合不敷衍，认真精致地去过每一天，真好。

他们老夫妻穿衣打扮虽讲究，但从不在意牌子，只要质量上乘，裁剪合体，配色适宜就行。“适合自己的，就是最好的。”这是婆婆常说的一句话，她甚至在二手商店淘过衣服：“这件基本全新，正好是我的风格，有什么不可以呢。”

好多人错误地理解了 Coco Chanel 的这句话“You are what you wear（你的衣服展现了你的品位）”，认为穿得越贵，自己也就越值钱。可你还记得春节联欢晚会上把时尚大牌穿成淘宝买家秀的那几位吗？事实证明，穿得对永远比穿什么更重要。

婆婆也喜欢香水，但她只买自己喜欢的香型。她热衷收集时尚杂志，这是从年轻时就有的习惯，但她只买对的，不买贵的。“跟风买大牌的人，往往都是不懂时尚的人。”她说。

所以，婆婆讲究了一辈子，打扮了一辈子，精致了一辈子，并没有花许多钱。两个人辛勤养育了六个子女，现实也不允许她铺张浪费。

优雅和时尚，并不是富豪的专利，只要你有一颗爱生活的心，帽子上的一朵小花，胸前的一枚别针，手腕上的一串珠链，都可以成就你的特别。精致从来不是高不可攀的冷艳，而是源于每一处细节。

婆婆喜欢看书，她家客厅的一角，有一个她看书的专座。一张小圆桌上一个细长的花瓶，花瓶里插着一株鲜艳欲滴的花，其他再无杂物，简简单单，伴着广播里流淌的音乐，不出门的日子，就这样缓慢而悠闲。

婆婆的幸福，我想，就是和爱的人一起，相依相偎，优雅一辈子，精致生活一辈子。

一提到优雅这个词，我就想到奥黛丽·赫本。赫本童年和少年时期历尽苦难，曾以郁金香草根充饥，但后来声名鹊起，出演的多部作品堪称电影界的经典。晚年淡出银幕之后，投身公益，多次亲身造访第三世界。

不管是跳芭蕾舞的少年时期，还是出演《罗马假日》的巅峰时刻，抑或是后来与梅尔离婚的黯然时光，她，始终都是优雅的典范。

赫本是全世界男人的女神，但她的一生，也有不完美的地方。父爱的缺失，感情的挫折，也曾让她一度遭受打击，但她始终充满热情地去生活，尤其是晚年积极参加儿童公益，不吝付出她的全部爱心。

“女人之美不在五官而在其内心折射的真美，这就是她给出的关爱和她表现的热情，女人的这种美是随着岁月流逝而增长的。”赫本说。

是的，赫本的优雅，不全是因为她的美貌和气质，她的自信、努力、热情和无私，也都为她加了分。即使皱纹爬上脸颊，即使她只和一只猫相伴，穿着睡衣的她，也还是优雅的。

美丽，是女人一生的使命。一个人，能优雅地老去，也是一种幸福。

关于优雅的典范，除了全世界熟知的赫本，还有我们的杨丽萍。

杨丽萍，堪称中国优雅女子的典范。已经五十七岁的她，看起来仍然宛若少女，她的舞蹈《雀之灵》，美到无与伦比。生活中的她，也若仙子，与花为伴，与鸟为邻，一壶清茶，邂逅美好午后。

为了酷爱的舞蹈事业，她放弃了很多。但是，除了舞蹈，还有什么配得上她？这个温婉又一身灵性的女子，舞蹈就是她的生命，看她在台上表演，超凡脱俗，所有的观众，都有一种灵魂被洗礼的感觉。

成就自己，做自己喜欢的事业，优雅地跳一辈子，是她为自己选择的最好的人生。即使终将老去，但也活出了她想要的精彩，这样的人生，一定是幸福的。

在欧洲，也有很多主妇，喜欢住在村子里。她们打理着自家门前的小花园，真正用心地去拾掇。春天里，看它们发芽、长大，枝叶在风中摇曳；夏季里，倾听花开的声音。

这些主妇，不依附，不攀迎，活得滋润自由。穿上高跟鞋，她们是职场精英；脱下职业装，过上亲近大自然的生活。

有情调听雨打树叶的俏皮，看润物细无声的美好，享受着花草节节拔高的欣喜，能按自己的审美装饰自己家的房前屋后……这又何尝不是一种优雅的生活？

在中国，更是有一群这样的知性美女们，约三五志趣相投的好友，在细雨蒙蒙的清晨或是阳光正好的午后，捧一杯清茶，或凭窗听雨，或远望孤雁南飞，浏览心爱的诗集，细细品味“疏影横斜水清浅，暗香浮动月黄昏”的意境。

宠辱不惊，闲看庭前花开花落；去留无意，漫随天外云卷云舒。这种淡薄的情怀，远离名利和攀比，颇有点陶渊明“采菊东篱下，悠然见南山”的清高境界。

如若再高雅一点，来一段古筝曲“高山流水”，用古琴和，用琵琶和。她们把生活过成了诗，过成了画，过成了她们内心的样子，我的好友小荷，就过着这样如诗如画的日子。她参加“西周私塾”，学习诗词格律，听老师讲解话剧艺术，她的古琴，已经达到表演级别，经常以琴会友。

很多人可能会想，我也愿意过这样的生活啊，但是，首先得实现财务自由吧。其实，一切都看你自己的心意，你觉得重要的事情，从今天就可以做起。小荷也需要工作，而且她的工作是相当枯燥的会计，但她可以挤时间，做自己真正喜欢的事，你也可以。

有没有时间，其实最根本的，取决于你是否真的想要这样的生活。

给自己选择一种自己想要的人生，然后，优雅地走完它——这就是我心目中的幸福。

【4】真正有质感的生活，并不需要很多钱

朋友跟我聊天，说到最多的一个词就是“累”。我一直纳闷，他们小夫妻工作不错，房子车子也都买了，经济上也达到了自由，

为什么会这么累呢?

诚然，在大城市生活，节奏快，身边能力强的人也很多，确实会有一些无形的压力。但跟她聊得多了，我才明白她的“累”源自哪里——她每天关注的点，都是国际一线品牌又出了什么新品；同事又买了哪个牌子的限量款；领导又换车了，价值100多万；和自己一起入职的某某，工资比自己多了一倍……

我说,如果你思考的问题都和钱有关系,那么你的生活没有质感。有质感的生活，不是你有能力买买买，不是一味地用物质来犒劳自己，你加班加到昏天黑地，赚得越来越多，却没有时间去享受阳光，没有时间跟朋友小聚，甚至连谈恋爱都没有时间。你把收入都用在购买奢侈品上，企图以此来抚慰自己忙碌的心。

日复一日，你会问自己：我生活的意义在哪儿?

塔尔·班夏哈说：幸福是快乐与意义的结合。

扪心自问，穿昂贵的衣服，戴奢华的首饰，在人前骄傲得像个公主，引来艳羡的目光，你可能会有一丝丝虚荣心被满足的幸福感，但是，这样的生活，有意义吗?

没有一颗平和的心，没有对生活细致入微的感悟，买得越多，只能说明你内心越空虚。

真正有质感的生活，是能够用心体会环境的美好、能够享受爱与被爱、能够善待周围的人和物、能够做自己喜欢的事儿。

真正有质感的生活，并不需要很多钱。对自己好一点，不是只有金钱上的舍得，而是给自己更多自由的时间和空间，做自己一直想做的事儿，达成自己的目标。

我们需要把脚步慢下来,听一听自己内心的声音:你想要的生活，究竟是什么样子的?

【5】有质感的生活，应该怎么过?

物质的满足带来的幸福，是极其短暂的；精神层面的满足，才持久有深度。好的生活，需要你有一双善于发现美的眼睛、一颗沉得下来的心、一双勤快的手和一腔对生活的热爱。

01　健身

你生活得好不好，从你的身材就可以看出来。水桶腰、迈着官步代表混得好的时代已经过去，如果你肥头大耳、体态臃肿，即使月入千万，也会被看成是暴发户。

因为，你的生活缺少品质。真正懂得生活的人，必然注意自己的体态仪表，如果你连自己的体重都控制不了，还怎么掌控自己的人生?

健身，不仅是为了看起来赏心悦目，更是为自己的健康着想。跟健康相比，所有的物质和金钱，都变得不重要了，因为，没有了健康，一切都是白搭。

“才饮长沙水，又食武昌鱼。万里长江横渡，极目楚天舒。”1956年，六十三岁的毛泽东，还从武昌横渡长江，到达汉口。美国前总统罗斯福，喜欢跑步和骑自行车，即使是他来中国访问期间，也不中断健身。

作为女生，质感的生活就更离不开健身了。孙俪、刘涛等一线明星，谁不是常年在健身房挥汗如雨。

健身，是我们一辈子的事业。拿出你买衣服钱的十分之一，去办个年卡，坚持下去，你一定能看到自己的变化。

02 读书

作家梁晓声说："文字是有温度的。"真正喜欢阅读的人，闻到书香，就会莫名地欣喜。养成阅读的习惯带给你的裨益，不可估量。

《南方周末》记者采访董卿时，问过一个问题："你觉得如何做一个魅力女人？"董卿简单地回答道："读书。如果我几天不读书，我会感觉像一个人几天不洗澡那样难受。"

于我也是，几天不读书不写文，我就觉得虚度了光阴。当淅淅沥沥的小雨敲打着廊檐，当细微的风吹过窗棂，屋子里的花正烂漫开放；或是当屋外雪花飞卷，我靠在暖气片边，给自己磨一杯香浓的咖啡，拿出一本书，从扉页看起，偶尔停歇片刻，用精美的书签，夹在自己看到的那一页。这样的时刻，是我独处时光中最美好的记忆。

再没有比读书更合适的投资了。偷一刻闲暇，与作者进行精神层面的对话，在愉悦自己精神的同时，也拓宽着自己的知识面，丰富着自己的灵魂，而且那一份安逸与静怡，也是花钱买不到的。即使身处斗室，又有什么关系？有心灵的润泽，才有质感的生活。

"腹有诗书气自华"，书读多了，言谈举止自然透露出一种不一样的气质。大街上骂人的泼妇，举止嚣张癫狂的酒徒，必定是不读书的人。

03 善于发现美

如果你有一双善于发现美的眼睛，那你一定是幸福的。那些美好的小事物、小瞬间，往往都是心思纯净的人，在偶尔的一瞥里，看到的风景。

春天里孕育的第一粒草芽儿，散步时路边开放的一丛小花，蒲公英在风里悠然飘散，松鼠在树与树之间跳跃，小溪潺潺流淌，鸟儿欢鸣着求偶……只要留心，生活中处处是美好。我们真的不能总被俗务缠身，被追求物质的欲望蒙蔽了心。

诗歌是美的，画作也是美的；狐媚是美的，端庄也是美的；青春年少是飞扬的美，老年之后有持重的美。善于发现美，学会欣赏美，人生就会更加丰富多彩。

与人交往，多往好的方面去想，多发现别人的优点和善良，相处起来，才能更和谐舒服。

“你是什么样的人，就会看到怎样的世界。”如果你的眼里都是美好，说明你本身就是一个美好的人。

04　保持好奇心和求知欲

在欧洲生活的几年里，我最大的感触就是：这边的老年人，仍然热爱生活。他们总是把自己打扮得美美的，老夫妻手挽着手，在天气晴好的日子，散步、运动，或是约上三五好友，一起聊天喝咖啡。

各种语言班、绘画班里，老年人占了七八成。法兰斯是我认识的一个比利时男人，退休之后，开始学习阿拉伯语，我问他为什么学习这门语言，是不是想去阿拉伯国家旅游？他说不是，年轻的时候，就觉得这门语言很有意思，从右往左的书写一直让他好奇，现在有了时间，就学了起来。

而在中国，一般四十岁以上的人，就很少学习了。别说是阿拉伯语这么难的东西，就连开车这件事，很多人都放弃了。“老了，还学什么啊学”是他们理直气壮的借口。

可是，学习新的东西，能让生活充满新奇。你永远也不知道，你在某一方面能走多远，为什么不去试一下呢?

一成不变的生活让人觉得无聊、颓丧，所以，保持好奇心和求知欲，始终不断地接触新事物，生活才会有高质量。钢琴、吉他、古筝、法语、油画，喜欢什么，就去学习吧，什么时候都不晚。

05 极简生活

每个季节过去的时候，我都会收拾一次衣柜，常常发现有些衣服，压根儿没有穿过，有些我自己都忘记了。衣物太多，人往往为衣服所累，买的时候，想的是跟另外某件衣服搭配，结果买回来以后，或许只穿过一次，就被束之高阁。

个人物品，少而精最好。各种场合，有几件质量上乘、剪裁得体的衣服，配几款经典的首饰，这就够了，太多的话，往往容易繁乱。皇帝三宫六院，真正陪宿的有几个？大部分，都是孤独终老，很难见到龙颜。我们的衣物也是这样，许多从买回家来，就从没被我们“宠幸”过。

多就容易乱，乱了衣柜和房间，也乱了我们的心。有质感的生活，是简单干净：简简单单的书桌，干干净净的地面。买东西之前，一定要多问自己几遍：“这是我特别需要、特别喜欢的东西吗？”坚决不要贪图便宜，看到打折就买一堆。

房间里的挂画，也不必太多，关键是与主人的品位相称。装修也不必太过豪华，太过豪华，总会有点宾馆的感觉。居家日常，有大大的落地窗，阳光可以一览无余地洒进房间，窗明几净，便是极好的。

06　与生命中重要的人，一起虚度时光

指缝太宽，时光太瘦。一辈子很短，最好的生活，便是与生命中重要的人，一起虚度时光。和喜欢的人，择一城而居，一起做喜欢的事，想想都开心。

多陪陪爱人、父母、孩子，不要让父母老来孤独，不要错过孩子的成长。与家人在一起的每一个瞬间，将是你生命中最难忘的回忆。

懂得感恩、能享受爱并愿意付出的人，他的生活必定很有质感。

其实，最珍贵的东西，往往都是免费的，比如氧气和水，还有人和人之间的情谊。有质感的生活，也绝对不是用金钱堆砌出来的，奢华很容易，有钱就可以做到。但把生活过得有品质，却需要有一定的品位和文化内涵。

有科学研究表明，人类百分之九十的压力来自金钱。我们能不能从物质的欲海中挣扎出来，花更少的钱，多读书，多健身，培养一两个爱好，过更有质感的生活?

【6】懂得取悦自己，生活才有品质

在春天，西欧的这个天气，好得不像话。看着落地窗外跳动的阳光，不想写文也不想读书，很想出去玩耍，而此时，也恰好有一起工作的小伙伴打来电话，约我去她家“野餐”。

他们新买的房子，靠近一个森林公园。大大的露天阳台旁边，

就是一大片树林，坐在家里，就可以看到松鼠从一棵树上，晃着蓬松的尾巴，哧溜一下，钻到另一棵树冠里。

我带上红酒，准时出现在她家，而她也早已把阳台的桌子布置好，果酱、面包、牛奶，还有嫩奶酪和青橄榄。

我只看一眼她家的新桌布，就被吸引。灰白的混纺，西式人工刺绣，雄浑大气，既典雅又华美。

“翡翠黄金缕，绣成歌舞衣。”我连连称赞，“这桌布，是在这边买的吗？看刺绣，也不像中国的风格。”

她告诉我是在德国买的，还说“这个桌布，可是花了大价钱了……”她说得有些自豪，可以看出，她也十分喜爱自己淘到的宝贝。

这边人工贵，所以那些别出心裁的美物，都要比中国贵很多。但是，如若这就是你千寻万觅想要的，你看着它就心情舒畅，贵点又有什么关系？比起奢侈的包包，这不过是十分之一的钱而已。

这个小伙伴的收入也不低，却很少大手大脚地给自己买名牌，不过，她家的咖啡机、葡萄酒杯这些东西，可都是极讲究的。中餐和西餐的杯盘碗盏，也都是配套的，窗帘绝不敷衍，印花的厚重材质，点亮了整个客厅，即便今天只有我一个客人，她也用心地拿出她雕龙画凤的茶壶，给我沏上一壶碧螺春。

春风拂面，品着茶，看着树林子里开满的紫色黄色的小花，感觉生活如此美好。

把钱花在哪里，可以看出女主人的品位，房子里的细节处，更反映了这个家庭的生活品质。很多人热衷于买豪车、穿名牌，除了享受它们的品质外，不可否认，也有些人是源于面子工程、攀比心理。还有些人，是用生活用品的高档，来掩饰自己的不自信。

真正有品质的生活，其实不是给别人看，而是取悦自己。这边有一个朋友，工作时间比较自由，她一周要去四次健身房锻炼身体，周末两天还去滑雪场，她穿衣服不太讲究牌子，但对自己的健康，特别舍得投资。

老家的屋对面，曾住着一对年轻的夫妻，他们俩开了一间挂面店，离他们住的房子只有 20 米左右。夫妻俩整天在挂面店里忙碌，店里有两台机器，由于机器噪音太大，两个人基本不说话，闷头做自己手中的活儿。

每次经过挂面店，我都想，这样的日子，该有多无聊。日复一日、年复一年，两个人对着两台机器，白天晚上都在同一个屋檐下，总有一天会厌倦吧。

后来熟悉之后，我再也不担心他们会厌倦彼此。因为工作之余，他们会将房间打理得干净整洁，厨房虽不大，但窗明几净，窗台外面还放着两盆小花；而且两个人吃饭，也丝毫不凑合，女主人做的菜，色香味俱全，两个人对坐，气氛十分温馨；卧室里的大床，平整得连个皱褶都没有；沙发的扶手处，铺了镂空的白色针织巾，随时可以换洗；还有两个人虽然都不抽烟，但旁边的小茶几上，却放着一只十分考究的烟灰缸。

简单的布置，没有任何多余的东西，但又不觉得简陋，而且一看就知道，女主人是一个热爱生活的人。和这样的人在一起，平常的日子，也会生出些趣味来吧。

男主人虽然性格粗犷，却也粗中有细。他喜欢钓鱼，下雨不能做挂面的日子，他常常大清早就出门，傍晚才回。他不急不躁，无论收获如何，总是坐在门口，耐心地收拾渔具，清洗得干干净净，然后再收起来。我见过的他的行头里，最值钱的，就数他钓鱼用的家什了，他常常说，就这一个爱好，马虎不得。

在这小镇上，多是一些争分夺秒挣钱的小生意人，比起他们，这小夫妻俩的生活，算是比较有品质的了。他们劳逸结合，将日子过得有温度。

女主人的脸上总是洋溢着笑容，虽省吃俭用，却舍得买一盆花、买一根价值不菲的钓鱼竿……这样的细节，总让我心生感动。

住不起大房子、开不起名车，生活就一定没有品质吗？自然不是。心思纯净、心中有爱，简单的日子，也能过出十分的滋味来。

一些可以给我们带来美好体验的小物件，真的花不了太多钱，关键是看你愿不愿意把钱花在这上面。有些人出门收拾得干净利索，家里却乱七八糟、藏污纳垢。

2016年春节爆红网络的“上海女去男朋友农村老家过年”事件，大家公说公有理，婆说婆有理，有谴责上海女的，也有支持的。我看了她拍的年夜饭以后，也有想逃的冲动：装菜的搪瓷钵子，边沿大面积掉瓷，锈迹斑斑，我想无论未来婆婆厨艺多么好，菜做得有多好吃，看上一眼盛菜的器具，也顿觉食欲全无，还有那直接放在油腻腻的桌子上的筷子，年久发黑，像是已经用了几十年。

其实，家里再穷，也不至于买不起一把筷子、一套简单的白瓷餐具。即使是农村，桌子也可以擦擦干净吧，这些，真的用不了多少钱、花不了多少时间，关键还是有没有意识，要把生活过得有品质一点。其实，可怕的不是两三天的艰苦，而是在长期的低品质的生活下，形成的思维习惯。

估计那位上海女的心里也已经在嘀咕，若是以后结婚生子，婆婆去给自己带娃，这样的生活习惯，可如何是好。

有时候，我们的生活没有品质，不是我们缺少钱，而是缺少生活的趣味。生活也不能过于忙乱，而是要慢下来，细心去体会。一块桌布、一个烟灰缸、一根钓鱼竿、几节健身课，或者只是几个好看的盘子、碟子，你生活的品质，就上了一个台阶。

因为，你懂得了欣赏，懂得了讨好自己，懂得了“愉悦自己才最重要”这句话。那么，怎样才能尽可能做到“愉悦自己”呢？

01　少去攀比，少关注别人的眼光

经常听身边女孩说，那谁买了LA MER的组合装，我也想要一套。她可能并没有想过，这个牌子的护肤品是否适合自己的肤质。自己才二十出头，需不需要用这么贵的产品。她买东西，不是因为自己需要或是喜欢，只因为这个最近很火，只因为别人有了，自己也要有。

买了个某品牌的包包，可其实，自己对这个品牌的设计和质地并不是十分欣赏，只是因为大家都有。其实，这个钱，就是花在了不合适的地方，你没有取悦自己，只是在应付周围的人群。

02　只买对的，不选贵的

我一朋友带孩子来欧洲旅游，十几岁的孩子，英语还不太好，去饭店点菜，我们都被他逗得笑抽了——不管是吃的还是喝的，看不懂没关系，挑贵的准没错。他信誓旦旦：一分钱一分货，贵的一定更好。

他的父母倒是很开明，说孩子难得出一次国门，让他尝试一下也好。可结果是，孩子点了很贵的套餐，却吃不惯，后来只得又去麦当劳果腹。

好多品牌，其实都是给特定人群设计的，也许并不适合你我。不买贵的，只选对的，才是明智的选择。

03　买东西的两个原则：我需要或者我喜欢

我对自己第一眼就爱上的东西，总是没有抵抗力。哪怕当时没有下决心入手，过几天还是会把它收了，因为，千金难买我喜欢啊。钱花了还可以再挣，但那种喜欢的心情，过了这一刻，可能就再也寻不回来了。

对于需要的东西，当然不能刻意苦着自己，而那些可买可不买的，就算了吧。就留着钱，去买下次超级有眼缘的东西吧。

衣柜里的衣服多一件少一件，鞋柜里的鞋子多一双少一双，真的没有关系。不信你回去看看，一定有好多只穿过一次，就被你遗忘在“深宫”里的衣服、鞋子。

好生活都是过出来的，从细节处改变，从点滴处经营，多买“我喜欢”的东西，将每一天都过得阳光、有趣，就是品质生活的开始。

你怎么经营你的一天，就怎么经营你的一生。

【7】她正过着我想要的生活

在我的家乡，那个江南小镇，四月，已经是“看凋零、野草闲花”的晚春了。可是在西欧，却正是最美好的“人间四月天”。

每到这个季节，我们总是呼朋引伴，偷得浮生半日闲，一起去踏春赏景。

阳光温暖，清风徐徐，枝叶儿还没开始张扬，嫩黄的芽儿才开始娇羞地探头，新奇地张望着这个世界。各种花儿，开始用尽所有的热情，妩媚地绽放。

一起出去游玩后，偶尔发个朋友圈，有老友评论：“你正过着我想要的生活。”我回复：“这山望着那山高。”

生活里的我们，也总是在仰望着别人。羡慕别人可以走遍世界，事业蒸蒸日上，工作上游刃有余，抑或是官场上春风得意马蹄疾；羡慕别人嫁得好郎君，有一对可爱的子女，经济宽裕，恩爱有加。

可是，你只见到她各处旅行，却没有看到她努力挣钱的样子。她大把大把地花钱，似乎过得富足轻松，可谁又知道，多少个夜晚醒来后，压力让她再也无法入睡。

我们都习惯于把好的一面展示给别人看，以至于自己的疲惫和惊慌、无奈和辛劳，往往选择自己消化。

其实，每个人都有自己的幸福。你或许物质上不能随心所欲，但你比别人有更多的空闲时间，时间，才真的是千金难买的；你或许还在职场上呼风唤雨，看着别人的一对儿女，眼馋到不行，可你又哪里知道，为了照顾好两个孩子，她可能几年都没睡过一个整夜觉，还放弃了事业的黄金期。

所谓舍得、舍得，其实，任何一项得到，一定是舍掉了一些东西。像我，追随先生背井离乡，感情有了依托，物质也算小康，但是，作为一个吃货，我无时无刻不在受着吃不到正宗中国美食的煎熬。

你以为她正过着你想要的生活，其实，先想一想，她舍掉的那些，你是否愿意放弃？

二十多岁的单身族，自我解嘲说自己是单身狗，吃着快餐和泡面，过着没有规律的生活，没有人照顾，想要关心别人却没有对象。而很多结了婚的人，却说单身是贵族——单身自由啊，所谓生命诚可贵，爱情价更高；若为自由故，二者皆可抛！

其实这些，都正如钱钟书所说——围城外面的人想冲进去，而围城里面的人却想逃出来。结婚的怀念单身时光，单身的向往二人世界的温馨。

其实，每一种生活，都有利有弊。一人吃饱全家不饿的日子，没有那么多的责任和义务，想要去哪儿玩，只要有钱有时间，抬脚就可以走人。而拖儿带女的情况下，还得看学校放不放假，妻子能不能调休，最重要的是，自己想去的地方，妻子和孩子是不是也想去？

可如若生个病，你就知道成家的好处了，有人给你端水送药，孩子用小手在你额前试着温度。病还没好，心里却温暖地冒着泡了。

你看，人们总是互相羡慕着，总觉得别人过着的，才是自己想要的生活。殊不知，每一种日子，都有利有弊，即使是美国总统特朗普抑或是那些世界首富们，他们也有自己的烦恼，可能那些烦恼，比我们这些小富即安的家庭的忧愁，更难解决。

【8】我曾读过的一个小故事

一只麻雀，飞到一只鸟笼前，开始捡拾鹦鹉啄食掉落下来的小米，麻雀一边提心吊胆地啄着米，一边感叹笼中的鹦鹉，羽毛华美，天天锦衣玉食，像公主一样，被人们宠爱着，连喝水的姿态都是那么优雅。

这时候，主人出来，逗弄鹦鹉，麻雀受了惊吓，笨拙地飞开去。笼里的两只鹦鹉，羡慕地看着麻雀想：“如果我们能够像它一样，在林子里自由飞翔，该多幸福啊。”

在我二十几岁的时候，也常常羡慕别人，总觉得上帝不够公平，给了某些人太多有利的条件。但随着年龄的增长，我慢慢地明白，他们也有他们的烦恼，我也有我的幸福。大家谁都不是别人，所以也不会知道别人走过的荆棘、别人心里的乐与苦。

幸福如人饮水，冷暖自知。我们看到的都是表象，没有一种生活是十全十美的，更不存在一种完美生活的模式。

我们羡慕王宝强，觉得他通过打拼，终于出人头地，过上了农民的孩子不敢想象的好日子，但他却遭妻子背叛。我们眼里成功的谢杏芳，名利爱情双收，却也可能会在深夜搂着孩子哭红了眼睛。

我一个硕士同学，说起她的一个朋友，一脸陶醉。说她整天各国之间飞来飞去，坐着公务舱，且不说看尽世间风景，连“勾搭”帅哥也多了许多机会。

后来她毕业以后，如愿以偿地进了一家国际贸易公司，经常去欧洲、澳洲出差。我们问她“勾搭”了多少帅哥，她苦着脸说道：“日夜兼程地，时差刚倒过来，又去了另一个地方，到了飞机上，就想闭上眼睛休息。因为前面等着我的，是连轴转的会议和谈判。回到国内，又要马不停蹄地写报告，压力之下，根本没有心情去看风景、看帅哥。”

你曾经想要的，后来到手了，可能也并不像你想象得那么美了。

猪说假如让我再活一次，我要做一头牛，虽然累点，但名声好；牛说假如让我再活一次，我要做一头猪，吃饱睡，睡饱吃，不流汗，活得赛神仙；鹰说假如让我再活一次，我要做一只鸡，渴有水，饿有米，住有房，还受人保护；鸡说假如让我再活一次，我要做一只鹰，可以翱翔天空，云游四海，任意捕兔杀鸡。

我们总是向往着别处，向往着别人，觉得别人的生活，才是自己的梦想。其实，你站在桥头看风景，殊不知看风景的人也在楼上看你。

其实，力所能及地过好自己的日子就好，不喜欢的，就去改变；想要的，就去实现。把眼前的苟且，过成诗和远方，你会发现，自己的小日子，也没有那么差。

还是那句话，与其羡慕绚丽的烟火，不如动手先给自己点上一室烛光。

【9】最珍贵的，其实是你自己

前天晚上，在瑞士度假的我，接到比利时小伙伴蓓的电话，听完电话，我哭成狗。

我们共同的朋友月儿，昨天确诊是癌症晚期，且癌细胞已经扩散。她才三十一岁！两个孩子还都不谙世事！

我浑身冰凉，不敢相信这个事实，随后联系月儿，我安慰她说可能是误诊，就算没有误诊，现在比利时有一种细胞疗法，对抗癌症效果还是很明显的，劝她不要放弃。

然而她比我想象得冷静得多：“真的当死亡近在咫尺了，却不那么恐惧了。因为已经无法选择，所以也就只能放下。”

她说，只是后悔，当初的一意孤行，才导致今天的结局。

她说的一意孤行，我其实不太清楚所指。但我们都知道，她的老公专情体贴，对她很好，两个孩子，也可爱极了，她一定也不后悔。

唯有一点，就是她拼命挣钱，忽略了身体发出的讯号。

我曾跟她一起工作几个月，朝夕相处，对她十分了解。

那时候，她还没有怀老二，早上急匆匆给女儿穿好衣服，喂好饭，让老公把孩子送去幼稚园，她自己就慌忙赶往火车站，搭火车过来上班。晚上，孩子哄睡以后，她开始打包奶粉，每周一次，把货送到布鲁塞尔。

她的嘴巴发炎，总是有点肿肿的，我让她去看看医生，她总说，看过医生，开的药不管用，干脆懒得去看了，没那么多时间总往医院跑。

她的老公，在一家知名汽车公司做工程师，赚得并不少，所以我总是劝她别这么累，钱够花就行，但她太孝顺、太好强。

“我爸去世得早，我妈妈自己没房子，一直跟我哥嫂住在一起，吃人家的，就得给人家干活儿。我妈住我嫂子那儿，累啊，我就想奋斗一下，攒够钱给我妈买套小房子。”

工作还没过实习期，她就怀上了老二，欣喜之余，也有些担心，她又不能工作了，只能更勤奋地做代购了。

她就这样，辛苦拼命地去代购，从奶粉到包包，从奢侈品到保健品，赚多赚少她都不嫌弃。去年，她一直耳鸣，后来检查出脑袋里长了个肿瘤，化疗期间，她也没完全停止帮人代购的活儿。

今年三月中旬，她终于如愿以偿，在长沙给妈妈买了一套小房子。三月底刚回到比利时，四月初就传来这个噩耗。

其实，身体是会说话的，只是，我们总是没有给自己耐心去倾听。我上次晕倒之前，连续几天眼睛干涩，一看屏幕就难受，我心里清楚，那是身体发出了信号，但我自欺欺人，自动屏蔽这个提醒。我总跟自己说：忙完这几天，我就歇着。

其实，是我们自己总是要得太多。要卡上的数字、要别人的羡慕、要体面、要成就感。可是我们好像忘了，健康，才是这一切的基础，还有什么是比能活着更重要的事呢?

每一次，身边发生这样的事，我们就会惊醒——原来生命是如此脆弱；生与死的距离有时仅一步之遥；想要健健康康地活着，也是一种奢侈。

很多时候，我们信誓旦旦地告诉自己要好好吃饭、好好睡觉、抛却世俗、只为自己活。但是，阵痛过后，我们又忘了这一切，继续在欲望的鸿沟里奔忙。

只要我用晚上的时间写文，先生就会不高兴地提醒我，即使是工作，也要劳逸结合，晚上是一家人在一起休闲的时间，不应该被别的事情占据。而我总是打着哈哈告诉他，写文对于我来说，是一种爱好，我并不觉得累，而且，写完了我更能畅快地睡觉……于是，他就不再说什么，但我知道，他心底里是不高兴的。当然，也正是由于他的干涉，我很少晚上写东西，从来不熬夜，守住了这个底线。

没有什么事，值得我们用健康去做代价。道理我们都懂，但是在执行的时候，往往力度不够。

对自己好一点，慢下来，听一听身体在说什么。平时多锻炼，有问题了及时治疗，千万不能一拖再拖，而赚钱，只要活着，就有机会赚。所谓的成就感，抛去了健康，一切都没了意义。

对于朋友月儿的事，不管我有多么不愿意相信，最终还是得接受这个事实。现在只能期望，先进的对抗癌症的医疗技术，能够挽回她的生命。

现在的她，也一定真正领悟了这个道理：没有什么比活着更美好。她确实是达成了心愿，给妈妈买了房，但我相信，她的妈妈，一定宁愿要一个健康的女儿，自己跟着儿子和媳妇住，累一点也没什么大不了。这座房子，只会让她更想念她的女儿，也许还带着些愧疚。

今天我们去看她，看到月儿的一对儿女，我就忍不住流泪。两个孩子，并不知道发生了什么，还是仰着灿烂的笑脸，喊着要妈妈抱，但是他们的妈妈，却被疼痛折磨着，想去照顾他们却也无能为力。

四月初的西欧，是最美的时候，杨柳依依，百花争艳，阳光温柔地轻洒在院子里。院子里绿油油的草坪上，是她跟先生一起给孩子搭建起来的乐园，乐园里的滑梯、蹦蹦床、跷跷板，都静静地立在那里。

屋外一片生机，屋里却是层层阴霾。“这可能是我们最后一次见面了，你们一定要来参加我的葬礼啊。”月儿含着泪说。

这真的是我来欧洲后，最悲伤的时刻。什么是幸福？对于现在的月儿来说，没有病痛，能一直陪伴着先生，看着两个孩子成长，就是她最大的幸福。

活着，是一切的基础。余华的小说里，男主人公福贵命运多舛，几次与死神擦肩而过，更是经历了丧子失女这样常人无法承受的打击，但他还是顽强地活了下去。

人正是因为知道了死，才掂出了生的分量。

海明威在飞机失事死里逃生之后，读到关于他自己的讣告。他感慨地说：“一个人有生就有死，但只要你活着，就要以最好的方式活下去。”

什么是最好的方式？一百个人，可能有一百种答案。我所理解的最好的方式是：有喜欢做的事，有健康的身体，有相爱的人，有所期待；白天有说有笑，晚上能睡个好觉。如果你拥有这些，那你就是这世界上幸福的人。

生命的美好在于，尽管我们都知道，从出生开始，就在走向死亡，但每一天的朝阳和落日，都那么让人留恋。尽管在活着的这趟旅程中，欢乐和痛苦交替，但又总充满希望。

愿我的朋友月儿，能坚持到底不放弃，早日康复，创造治疗史上的奇迹，能以最好的方式——活下去。

【10】要把自己的人生，活成限量款

朋友跟我诉苦说，自从这二胎政策一出来，公婆再要一个孙子的心思，就像春日里的小溪，淙淙流淌起来。他们总是在她面前说，谁谁又怀孕了，谁谁又生了二胎，说的时候，还意味深长地看着她。

“那你决定要还是不要呢？”我问她。

“我才不要呢。我家妞爸，典型的妈宝，妞养到现在，我有多累，你根本想象不到。公婆是在帮我，可是，看孩子，很多事还是必须亲力亲为的，再说，一个孩子养大，成本多高，他们能帮我多少呢？”朋友是个完美主义者，养孩子特别讲究，一切还都要给她最好的，所以，她有这个担心，实在是正常。

“我的人生我做主，谁也别想在我的生活里指手画脚。”末了她又说，“一辈子，好好学习、进事业单位、该结婚的年龄结婚、该要孩子了要孩子……我一直在按照社会模具生活，现在，我不想再被套路了。”

说实话，我为她的决定高兴。是啊，我们没必要让所有人都满意，没必要活成别人期待的样子。生活本就是自己的，一辈子那么短，为什么都要活成千篇一律的形式呢？

我们的人生，应该是独一无二的、属于自己的限量款。

在所有的明星中，我最佩服王菲的勇气，不依附、不攀迎，自己对自己的生活负责。喜欢上谁，大胆去爱；碰到问题，积极寻求解决途径。她的人气一直很高，与窦唯、李亚鹏两次离婚，粉丝们都支持她，只是后来，她与小她十一岁的谢霆锋复合，刺痛了很多人的神经，于是，各种谩骂迎面砸来。

大家为什么对王菲与谢霆锋复合这么反感？并不是羡慕嫉妒恨，最主要的，是因为王菲的我行我素，推翻了他们“一辈子就是凑合过”的理论。

王菲的行为，一向我行我素、天马行空。她与谢霆锋的家居生活被曝光，幸福甜蜜得跟小女孩似的，她与谢霆锋穿着运动衣素颜跑步被偷拍，事实证明，她正过着自己想要的生活，有爱情滋润，简单似邻家女孩。

“她这么违逆社会规则，居然过得这么有滋有味，那怎么可以！”这是“吃瓜群众”的心理。他们的婚姻，他们的爱情，早已名存实亡，生活日复一日，犹如白开水般，他们也抱怨，也不满，但转念就安慰自己：谁的生活不都是这样无趣？年少夫妻老来伴，就这样吧，还折腾什么。

当王菲追求自己的爱情，不在乎名利地位，活得精彩的时候，这些人心理极大地不平衡起来，他们那些原本足以自慰的价值体系，轰然坍塌，这让他们无法接受。

可是，他们没有王菲的底气，不能像她一样，全凭自己的心意去生活，于是只好在愤愤不平中，继续过着自己中规中矩的人生。

在中国,还有很多女性,承受着无爱婚姻的痛苦,但是,为了孩子，就这么过吧。她们以为，这样就是贤德，殊不知，给孩子一个没有爱的家，才是最不道德的事。

女人，其实都需要勇敢一点，为了孩子，为了自己。一辈子太短，我们要为自己活出想要的生活。你看王菲，任你怎么嚼舌批评，我坚持做我自己。

活在别人的目光里，永远也冲不破藩篱。

【11】唯一比第一更重要

敢想敢做的姑娘，最后都把自己的人生经营得有模有样，比如吴莫愁。这个从选秀舞台上脱颖而出的姑娘，这两年一直走红歌坛，甚至一度代言广告，拍摄大片，成为时尚风向标。虽然她的唱风极具争议，造型特立独行，但她的歌声却能做到让全中国女人随她一起不想乖、只想坏，具有强大的人气影响力。

还有金牌主持小S，很多人都想不明白，为什么长相平平的小S，能够从台湾娱乐圈的千军万马中厮杀出来？是的，她外形确实一般，但她敢于与众不同，她幽默诙谐的主持风格，大胆直接的行事作风，灵活快速的现场反应，没有几个主持人可与之相比拟。

小S不走寻常路，摒弃了不适合自己的知性端庄女主持人路线，而是凭借她的火辣，与蔡康永合作主持的《康熙来了》曾高居台湾综艺之首，并凭借该节目夺得第40届金钟奖最佳综艺节目主持人奖，走红华语圈。

那么多歌手，你偏偏记住了吴莫愁；那么多主持人，小S家喻户晓。她们怎么做到的？就是勇敢做出独一无二的自己。

有人想要生一堆儿女绕膝承欢，有人却只想丁克；有人想找个不累的工作，有人却想要努力打拼。人与人之间的选择不同，按自己的心意过活，就是正确的，不必为了别人勉强自己，因为生活是你自己的。

可生活中却有很多忙碌的主妇，每天踩着别人的脚步前进。她给孩子报了各种辅导班，因为孩子的同学都报了；她五音不全，却也去学了钢琴，因为办公室的女同事都去学了；她给自己买了一件貂皮大衣，因为身边好几个朋友都买了。

她们一边抱怨着这样的生活让她忙得连轴转，一边乐此不疲地复制模仿着别人的生活。过了若干年，她们还是抱怨着生活的鸡零狗碎，走在老路上。

而知道自己要什么的女人，没有时间抱怨。她们早已经成竹在胸，规划、实施，走在了实现自己的路上。

在父母的催促下，匆忙走进婚姻的L女士告诉我，她终于下定决心要离婚了。说实话，我是欣慰的，因为，L女士因为这段婚姻得了抑郁症，好不容易走了出来，而且现在彻底想明白了："饭我会做，钱我会赚，孩子我会养。如果你还让我不开心，我还要你做甚？"她幽默地说。

很开心看到她的幡然醒悟，这也是一代女人的进步，她们不再依赖男人，不再把幸福建立在有一个好男人的基础上。现在，大龄单身的女性越来越多，我想，她们并不是被动地剩下，而更多的是主动地选择，她们是在可以养活自己、一个人也可以很幸福的情况下，等待那个有感觉的、合拍的、可以跟自己琴瑟和鸣的人。如果他还没有出现，也不必着急，反正一个人，也可以过得很好。

“如果最后得到的，不是自己想要的，哪怕是钻石，也不会快乐。”L女士说。

谁都没有权力，去干涉我们的生活，除了我们自己。

生命中，再无聊的时光，也都是限量版。幸福从听见自己的声音开始，生命匆匆，不必委曲求全，以自己喜欢的方式生活，做自己喜欢做的事，宠爱自己，才是最重要的。

【12】我不屑去做一个“好女人”

与前任分手那天，下着细雨，我将风衣裹紧了些，冲进雨帘里，随身带的，只有一个蓝色的行李箱，莹莹地泛着寂寞的光。

我不知道该去哪里。但我知道，我再也不会回去。

雨水混合着泪水，我抹了一把脸，将水珠甩出去。我在心里对自己说，别怕，你还有你自己。

手机音乐响起，那是我为他专门设置的铃声，独一无二。但那一刻听起来，只觉十分滑稽和讽刺，手机顽固地响着，我固执地不去管它。

钻进一辆计程车，却不知道要去的地址，在这座偌大的城市，竟没有可以打扰的人，只好随口说了一个宾馆的名字。短信进来，我瞅了一眼：“是我错了，你就原谅我这一次吧。哪个男人不犯错？好女人都宽容大度，你就这么决绝？”

我冷笑。对不起，我不是“好女人”，我的宽容大度，不是用在这里的。感情的事，我眼里揉不得沙子，我不要求你有多优秀，但我不会原谅一个对爱情不忠贞的人。

没有钱，可以去挣；身体生病了，可以调理、修养。但感情有了裂痕，就是灾难，修补过后，也总能看出痕迹。我不屑去做一个“好女人”，出轨这件事，只有 0 次和 1 次的区别。

那一刻，我又想起了小说《飘》的结尾，白瑞德对思嘉说的话。他说他不能耐心地拾起一片片碎片，把它们凑合在一起，然后跟自己说，这个修补好的东西，跟新的完全一样。

有些东西，破碎了就是破碎了，一切，都再也回不去了。

我流着泪，倚在出租车的后座上，颤抖着手删除了那个号码——那个我在他名字前面加个 A，以便他始终能在通讯录第一的位置上的人。我再也听不到那个我设置的来电提醒的旋律，心如撕裂般的痛，却没有其他选择。

一起走过了最难的日子，却在一切尘埃落定的时候，各奔东西。

有些人，注定只能共苦，不能同甘。

我做不了他说的所谓的“好女人”，因为我不愿意委屈我自己。我要的，是让自己真的幸福。

前几天一个读者给我讲了她的故事。

她原本来自中国一个很偏僻的小镇，在那儿，嫁了一个男人，婚后才发现老公酗酒，游手好闲，各种不靠谱。多次劝诫无果后，她毅然决定与他离婚。

她说，在小镇上，离婚是非常罕见的事，一夜之间，信息好像长了腿。第二天，所有人看她的眼神里，都是欲言又止的深意，原本说她老公不好的同事，也风向突变，开始同情起她的老公。

他们觉得：谁提出离婚，谁就是抛弃对方的人；谁被离婚，谁就是弱势的一方，就值得同情。

她因为受不了小城的氛围，便辞职去了重庆。她说，在大城市里，到处都充满自由的气息，虽然她现在跟刚毕业的小姑娘一起，蜗居在筒子楼里，但她却觉得无比幸福。想起结婚的那段经历，就乌云笼罩。

她说，她过年回小城的时候，听妈妈说，有人背后说她不是好女人，说她始乱终弃，自己跑去大城市看花花世界，不管前夫的死活。

她觉得真是太好笑了，他不求上进，我还能活活被他拖死？她跟她妈说："别理他们嚼舌，等我有钱了，在重庆买房子，把你们都接过去。我不要做他们口中的'好女人'，守着一个毫无希望的人，把自己的一辈子都耗尽，我要做最好的自己，我要过得幸福。"

看着她飞快打过来的字，我仿佛看到一个热辣辣的川妹子，浑身洋溢着生活的热情。

跟她聊天的时候，我想到了徐静蕾。

老徐从来不是世俗眼中的"好女人"。四十多岁还不愿意结婚，时而导演、编剧、演员、编辑，时而玩书法、学缝纫、做公益，她从来没有被哪种身份套牢过，她不断挑战自我，在不同的领域都玩得酣畅淋漓。

在做客窦文涛的节目《圆桌派》时，老徐说："我其实一直都不是个不婚主义者，我觉得谁愿意干吗就干吗，你想要结婚，你觉得结婚幸福，我就恭喜你，你去结婚，我也送你礼物。每个人都有自己喜欢的生活方式，就过自己觉得高兴的生活就好，没有必要拿自己的标准去评价别人，也没有必要拿别人的标准来评价自己。”

她现在不想要孩子，但她不知道将来的自己会不会后悔，所以她大方地跑去冷冻卵子。自己做的一切决定，都能坦然地去承担后果，这才是新时代女性应有的态度。

老徐强大、独立，在爱情里甘之如饴，但也充分给对方空间。她只管自己爱情甜蜜，事业有成，哪还管别人的评论。我活得恣意滋润就行，我不要做“好女人”，我只要做真实幸福的自己。

大多数人心目中的“好女人”，是能快速做成一桌好菜，是对丈夫服服帖帖，是温良恭俭让。

“好女人”这个称号，就像是封建社会的贞节牌坊。在旧社会里，为了得到这个牌坊，妇女们压抑着自己的人性，苦兮兮地守寡一辈子，最后回报她们的，只是死后冷冰冰的石头砌成的一个门楼，而她们的痛，外人很难感同身受。

而在今天，仍然有很多人困在“好女人”这张网里：婚姻不幸福，凑合着过，因为想要从一而终，怕离了婚被人歧视；三十多岁，还没有遇到合适的人，为了不让父母操心，遵守“女大当嫁”的世训，草草结婚了事；老公家暴出轨，想着用自己的菩萨心肠去感化他，乞求他改邪归正……

我只想说，去你的“好女人”，我不屑去做。都什么年代了，何苦违背自己的心意？我们能开车会赚钱，面包我自己买，花销我自己挣，安全感我自己给，你若不能给我爱，那就请你离开。

我不屑为了别人一句“好女人”而委屈自己，我只想做开心的女人。快乐地、无拘无束地活，不为了谁委屈自己，努力尽量将自己活成灿烂的烟火。

我不会因为年龄而结婚，也不会为了结婚而勉强在一起。他若给不了你快乐，就毫不犹豫地离开，幸福世界的钥匙，就在你自己的手中。

不理会世俗的纷扰喧闹，才能活出最独特有品的自己。

【13】品质生活，不只是房子、车子、票子

瑞典有一句谚语，翻译过来是这样的：钱是可以储存的，但时间不能；你怎么花你的时间，决定了你一生的生活质量。

刚来欧洲的时候，我真的一下子适应不了。之前在北京学习生活过很多年，习惯了繁忙快节奏的生活，猛然住到欧洲的一个村子里，仿佛一下子从莺歌燕舞的天庭被打到了凡间。

在北京，下班后跟同事聚会吃饭回家，晚上十一点还有地铁。可这边的小城，六点以后，商店一律关门，大街上憧憧的人影，仿佛一瞬间都不见了踪迹，除了一些餐馆、咖啡馆里，昏黄的灯光下，晃着一张张灿烂的脸，除此以外，四处静寂。黄昏的时候，一个人走在大街上，夕阳把影子拉长、拉长，孤独感会迎面扑来。

在北京，周末必定是吃喝玩乐的时光，逛街泡吧，当然是休息日子里的首选。可是这边呢？周日商店开门的城市寥寥无几，你想逛商店，起码得开上几十公里。

大部分的欧洲人，总是早早下班，与家人共进晚餐。他们很少在外面聚会，即使有聚会，也大部分是拖家带口。他们喜欢住在郊区，听鸟鸣声，出门不远就是小森林，享受着宁静的氛围，他们的房子，

也大多都有园子，夫妻两个人一起播种、除草。

即使你住在白天车水马龙的城市，夜晚也是一片寂静。

刚来的时候，我觉得欧洲生活是无趣的，无趣得有些压抑，可渐渐地，我就爱上了这样的生活。少了应酬和交往，少了喧闹和繁华，却更能够做真实的自己。

没有人管你的闲事，即使你穿着奇装异服，别人也只是多看你一眼；没人对你指指点点、评头论足；也没有人干涉你的生活，邻居友善但保持着合理的距离。

在这里，我没必要为了别人羡慕的眼光，去辛苦从事一份高收入的工作；也没必要为了面子，而故意去注意外表。

我过着自己简单的生活，收获了很多自由的时间，而且，我学会了合理地运用自己的时间，惬意而充实。

时间久了，我竟猛然发现，这样的生活，才是我一直想要的状态。没有攀比，没有激烈的竞争，很多属于自己的时间，可以任凭心意去规划。

我感觉，我渐渐地融入了欧洲人的文化里，接受了他们的幸福观——时间是最宝贵的，特别是和家人在一起的时间。

先生每周工作 37 小时，周一到周四每天工作 8 小时，周五就只用工作 5 小时，这样一来，他的周末，就差不多有两天半的时间。

他一到家，就拉着我出门，徒步、骑车，或只是去家附近的公园里走一走。天气好的时候，也可以开车去海边看日落，住上一宿，第二天傍晚回来，还有一个周日可以慵懒度过。

每次晚上七八点，我们吹着海风，看一群人赤着膀子冲浪的时候，我总想起中国 CBD 区灯火通明的夜晚。那一群中国的精英们，还在卖力地冲着业绩，别说孩子没办法陪，他们连吃饭的时间，都省了下来。抱着大碗面，奋斗在办公室里的人，真的不在少数。

更有一群为了生意为了发展、奔波应酬在一线的企业家或政客们。陪吃陪喝陪唱，甚至还要陪着去按摩，等到一身酒味、筋疲力尽地回到家，哪还有精力去关爱妻子孩子？

大部分的欧洲男人，都表示他们受不了这样的生活。

“如果一份工作要付出那么多，那岂不得不偿失了？我工作是为了生活，那样一来，我的生活里就只剩下了工作。”史蒂芬是我家先生的同事，他有一对可爱的儿女，他说，他眼里的幸福，就是看着一双子女长大，见证他们每一个重要的时刻。

“一天不能亲一亲他们可爱的小脸蛋，一天不能跟两个孩子说晚安，我就觉得这一天白过了。如果错过了孩子叫第一声爸爸，如果不能给孩子庆生，我一定得后悔死。”史蒂芬说。他在公司的办公桌上，有一本日历，上面已经提前用红笔圈出了一年里重要的日子。在这些日子里，他不出差，甚至不上班，因为，那是一些重要的纪念日或是孩子的春假、秋假。

可是在中国，长期出差的男人太多，很多父亲，甚至几年都不能参加儿子的生日聚会。史蒂芬说：“如果是那样，我会放弃这份工作，因为我要过有品质的生活，不要成为工作的机器。”

欧洲男人，总是喜欢把品质生活（Quality life）挂在嘴上。他们的品质生活的标准，并不是开好车，买奢侈品，相反，他们对车子的要求并不高，因为车子只是个代步工具而已。他们平时的生活，也简约克己，我估算过，欧洲人花在吃上的钱，不到中国人的一半。

他们所谓的品质生活，是指和妻子孩子共度的美好时光。

相对来说，欧洲的房价不算太高。如果在郊区，大部分家庭都能供得起一座带花园的大房子。而除了房子，他们其他的开支并不多，最大的花销，就是每年带上老婆孩子去旅行。

在中国，我们经常看到妈妈们抱着婴儿，背着个大包，满脸倦容，而在欧洲，你基本上看不见抱娃的女性——她们总是推着婴儿车，孩子舒服地躺在车里，看着妈妈的笑脸。如果一家有两三个孩子，一般都是爸爸怀里抱一个，手上拉一个，而妈妈，总是轻松又安逸。

国内的朋友总问我，外国女人不坐月子，还能自己一个人带几个娃，是怎么做到的？其实，她们不是一个人——白天送育婴室或托儿所，孩子爸爸下班后，承担了大部分的照顾和陪玩。关键是，欧洲男人不觉得带孩子累，也不觉得家务琐碎，他们把做家务事看成是调节工作的乐趣。

史蒂芬的工作不算轻松，上班的时候，也忙到焦头烂额，但他保证不加班，按时回家帮妻子照顾孩子、一起分担家务。“跟孩子玩耍一阵，白天工作的无聊和辛劳，仿佛都散了，孩子就是我的开心果。”他看着孩子的眼神里，都是浓浓的爱意。

他们在郊区的园子里，有一个恰到好处的小坡，他因地制宜，挖了一条小渠，水流叮咚，经常引来一群鸟儿喝水。他还索性在坡顶建了两栋小木屋，孩子可以爬上去滑下来，小木屋外面，挂着花生稻米之类的东西，鸟儿来得更勤了。

天气好的时候，一家四口，在草坪上铺一块毯子，晒着太阳，就可以野餐。等到秋天，他一伸手，就从园子里的苹果树上摘下熟透了的苹果，张口就吃……这种生活，真是又原始又现代。

他们并没有很多钱，史蒂芬的工作，跟我先生差不多。他的妻子，是牙医助理，因为两个孩子，一周只上三天班，但是，他们幸福感满满。如果你问他们夫妻，对现在的生活是否满意，两个人一定异口同声：

“没什么其他要求了。”尤其是史蒂芬的妻子，讲这话的时候，一定是笑得眼睛像弯月。

是啊，他们的幸福观，不是房子、车子、票子，而是妻子、孩子、园子。他们不要很多钱，只要很多自由的时间。

在欧洲，大部分人持有和史蒂芬夫妇相同的观点。拥有高质量的与家人相处的时间，这让他们精神轻松、愉悦幸福。人生如此，夫复何求？

【14】你活着的每一天，都是特别的日子

莫言在他的文章里，写过这么一件事儿：

多年前我跟一位同学谈话，那时他太太刚去世不久，他告诉我说，他在整理他太太的东西的时候，发现了一条丝质的围巾，那是他们去纽约旅游时，在一家名牌店里买的。那真是一条雅致、漂亮的名牌围巾，高昂的价格标签还挂在上面，他太太一直舍不得用，她想等一个特殊的日子才用。

讲到这里，他停住了，我也没接话，好一会儿后他说：“再也不要把好东西留到特别的日子才用，你活着的每一天都是特别的日子。”

读到这里，我眼睛发热，喉头哽住……我想起了我的母亲。

姐姐给母亲买了新衣服，母亲总是把它们叠得整整齐齐，用粗糙的手摩挲着，小心翼翼地放进柜子里。我们劝她穿，她总是笑笑，又没有什么特别的场合，穿那么讲究干什么。她只有在去亲戚家参

加年轻一辈的婚礼的时候，才偶尔穿一次。

后来母亲住院，我给她收拾随身的衣物，她特别嘱咐我，好衣服就不要带了，去医院，别让好衣服沾了晦气。等回来以后，身体好了，再穿。

可是，母亲的身体却再也没有好起来，此后一直卧床不起。那些她一直舍不得穿的衣物，最终烧为灰烬，陪她一起离去。

想起这些，我就很难过。我一直自责：如果多给母亲买些好东西，她可能就舍得穿用了吧；因为太稀罕，所以才想要留着在特别的日子才穿吧。

更难过的是，我总是给母亲“画饼充饥”。等我毕业了，我带你去黄山玩；等我以后有钱了，我给你买大房子；等我有时间，我回来陪你说话。

为什么总是“以后”“改天”呢？为什么不是现在呢？

想要去做的事情，就应该尽早去做；想要实现的愿望，现在就努力去实现。因为我们永远不知道，明天和意外，哪个会先来……

但是，大多数人，都只有在经历人生剧变的时候，才能顿悟这个道理。自己的身体出现了状况，住到医院里的时候，才明白健康的重要和宝贵；父亲或母亲病逝，子欲养而亲不待的时候，才明白和他们一起吃饭的时刻，是最温馨幸福的日子；身边的亲友突发事故，来不及告别就永远地离开了的时候，才后悔没有多和他们共度一些时光。

总听人说，等我退休了，我要环游世界。我笑，且不说等到退休的时候，是否还有这个雅兴，这还取决于你的身体条件是否允许、养老金的政策怎样变化、国际形势如何等因素。既然想去，何不趁现在年轻力壮、精力旺盛，每年走上几个地方？

英国作家和美术评论家约翰·罗斯金曾劝人们，把每一个黎明看作是生命的开始，把每一个黄昏看作是生命的小结，这样更容易快乐、充实。活着的每一天，都是我们余下的生命里，最年轻的一天，这一天过去，就永远不会再回来。

生命也只有一次，生命过程里的每一天，都是独一无二的。经历越丰富的人，越能强烈地意识到，每一天都是命运的馈赠。

春天里，就该出门，去看樱花、梨花、郁金香，看蜂蝶成群。何必把自己关在屋子里，编程序、写故事，让自己与阳光隔绝？钱赚得再多，没有时间花，也就没有了意义。

我朋友的哥哥，在伦敦做金融分析师，住着大房子，开着豪车，拿着丰厚的薪水。他曾是我们羡慕的对象，觉得这才是“成功人士”的生活。

但是，前一阵她哥哥过来小住，跟她聊了很多。他说，如果有可能，他宁愿换一份一般的工作，像他妹妹一样，过着普通的小日子，能牵着孩子的手，目送他走进学校的大门，但是，他却没有了机会。

他和妻子当年一起去英国留学，毕业以后，妻子找了份儿压力不大的工作，他则继续去伦敦学院读MBA。读硕士期间，压力很大，他很少有时间陪妻子，也没办法照顾妻子的情绪。那时妻子很想要个孩子，他也想要，但总觉得精力不够，经济也不宽裕。

“等我毕业，我们就规划。”他跟妻子承诺，妻子通情达理，尽力去理解他。

拿到工商管理硕士学位以后，他去了一家知名证券交易所工作。原以为工作了，该轻松一些了，没想到，时间比上学时还要紧张，压力更大。每天，他都觉得自己的身体被透支，筋疲力尽。

“再给我点时间，等我工作稳定下来，站稳脚跟。”他跟妻子说。

转眼又是几年，他依然忙忙碌碌，像个陀螺。孩子没要成，他的性能力又直线下降，妻子终于失去耐心，离开了他。

如今，他依然住着大房子，开着豪车，领着丰厚的薪水。但他说，如果可以从头开始，他会选择一条不一样的路线，好好享受每一天的空气，与妻子早点要一个孩子，过着简单温馨的小日子。

如果能早点领悟，我们活着的每一天，都是特别的日子，或许，人生就会少一些遗憾。

现在，我们应该，想做的事情马上就去做，少说“下次”“哪天”。如果有可能，那就明天吧；多跟爱人和孩子说“我爱你”；多陪父母长辈遛弯儿唠嗑；多送身边的人小礼物。心里有爱，就要表达出来，不要再去寻找合适的时机。

现在，就是最好的时机。只有一次的人生，每一天都是宝贵的。我们唯有酣畅淋漓地活，才不辜负我们的生命。

里尔克说，假如你觉得自己的日常生活很贫乏，不要去指责生活，而应该指责你自己。我非常同意这句话，日子就像是一张画板，把它涂成什么样，由我们自己决定。你可以尽情渲染，将生活过得五彩缤纷；也可以挥毫泼墨，将生活过成写意山水画；如若你童心未泯，卡通一些或许比较适合你……浪漫的、幽默的、深情的、极简的，喜欢什么样的生活，你就朝着那个方向去经营它。倘若你偏要在上面画一些混乱的叉叉，那就是你自己的问题了。

好东西不要留到最后，想做的事现在就去做，莫等待，莫让韶华空负了光阴。要以梦为马，且将新火试新茶，诗酒趁年华。

正如居里夫人所说，每一天都要愉快地过，不要等到日子过去了才找出它们的可爱之点，也不要把所有特别合意的希望都放在未来。

人生的跑道是固定的，大自然只给人一条路线，而这条路线也只能够跑一次。珍惜生命，就要从珍惜今天开始。

【15】你的格局，决定了你过怎样的人生

先生的第二职业，是在部队兼职。虽说是兼职，但所有的安全要求，他都严格履行。他自个儿从来不用Facebook这样的社交网络，就连他的家族群，也只有我在里面当代表，出于尊重和理解，我很少在朋友圈晒他的照片，更很少提及他的全名。

每个人的好友列表里，都有那么几个好事者。这几天听到让我忍俊不禁的传言——有人说我可能是离婚了，因为从来没见过我晒全家福；还有人说，我估计就是嫁了个老头儿，拿不出手，要不怎么从来没见我跟他合过影。

听了这些，我觉得又好气又好笑。我真佩服这些人凭空杜撰的能力，这么有想象力，不去写小说真是太可惜了。

当然，生活中总有那么些人，他们自己过得乌烟瘴气，也不愿意相信别人一切如意。估计他们心里想的是：她啊，长得不算漂亮，又没什么本事，凭什么就能嫁到各方面还不错的人呢。这种情况下，如果我离婚了，或是嫁了个老头儿，他们心理就平衡多了。

有这种心理的人，首先输在了格局上。他们的眼光和胸襟，都局限在自己的小世界里，只要知道谁过得比自己好，就浑身不舒服，觉都睡不香。他们的一生，都在比较里过活，辛苦又不安。

这让我想起了我的一个发小，她人长得漂亮，不爱读书，初中

毕业就独闯深圳。后来，她不仅自己在深圳立住了脚，还帮助弟弟白手起家，在县城里买了房又开了个小公司。

等我回老家的时候，就听邻居妇人们议论：那个丫头，一定是做了小三，傍了大款。不然，凭她初中毕业的文凭，怎么能混得下去？这帮弟弟买车买房娶媳妇，得多少钱，她一个月工资才有多少。

老家的邻居们，并不知道深圳的工资是家里的十来倍，她们也不知道，学历不是决定收入的唯一因素。当然，她们更不相信，一个不爱读书的女孩，后来在工作中可以变得热爱学习。

大山阻隔了外面的世界，见识的短浅决定了她们的格局，而她们的格局，决定了她们的将来。她们怎么也不愿意出去打打工，见识见识大城市的灯红酒绿，即使她们的丈夫像候鸟一样迁徙着，她们也不愿意一起出去闯荡，却更愿意守着背后的大山过活。

群里有个男性，快四十了还没有找女朋友，这在大城市并不稀奇，和大龄女青年一样，他们并不是找不到对象，只是不愿意将就，坚持着要等到正确的人而已。

可是，群里另外一个男人，总是带着优越感，有意无意地挑起事端，动辄就拿这件事来奚落那个单身男子。不是说他内分泌失调，就是暗示他性无能。

我虽然不说话，心里却极度鄙视这个挑事儿的人。你有老婆，关键是你老婆这样的，人家根本就看不上，你有什么资格天天傲慢地挑衅，寻找存在感呢？

你过你的日子，他过他的生活，人各有志，每个人都有自己的选择。你以为的“弱势”，人家其实并不弱。“燕雀安知鸿鹄之志”，有意无意地压制别人，反而暴露了自己的胸襟。

被挑衅的那位，却并不跟他论短长，呵呵一笑，用沉默来表明自己的态度。一来一去，两个人的心胸气度，也就一览无余了。

《庄子》曰："古往今来曰宇，四面八方曰宙。"格局，其实指的是人胸中的宇宙，有格局的人，看事物比常人更全面、更巨细，他们仿佛站得更高，能够将整个事件一览无余。

相反，格局小的人，常常故步自封，不敢尝试，他们只看到眼前，没有长远打算。网上有个段子，说是上帝同情一个乞丐，想要改变他的命运，于是就化作一个有钱人，来到他面前。

上帝说："如果我给你一千块，你会用它来做什么呢？"

"我用它买手机，这样我就可以跟这个城市的各个角落联系，哪里人多，我就去哪里乞讨。"乞丐很高兴地说。

"如果我给你十万呢？""那我就买一辆车，以后开车去要饭，比走着去要快很多。"

上帝叹了口气："那我如果给你一百万呢？""那我就把这座城市最豪华的地段买下来，然后把其他乞丐都赶走，不让他们抢我饭碗。"上帝听完，长叹一声，黯然离去。

这虽然只是个故事，但现实中也不乏这样鼠目寸光的人。只追求蜗角虚名、蝇头微利，永远也成就不了大事。

麻雀永远也飞不到青云之上，因为它只盯着地面的稻谷；雄鹰之所以能自由自在地在峰顶翱翔，因为它的眼里装满了山河天地。金钱物质确实是生活的必需，可是一个心中只装得下饭碗的人也不会有什么大的出息。

眼界和心胸，决定了我们的格局。而格局，决定了我们的命运。

马云的格局就很大，他辞职创业的时候，还是大多数人打死也舍不得丢了铁饭碗的时代。后来，人们以为他只是要做电商网站，谁知他的心里已经在规划一个帝国。

大部分的成功，都不可以被复制。因为我们缺的，不仅是天赋和机遇，更多的还是差在了格局上。

拥有怎样的格局，就有怎样的命运，格局越大，你的成就相对也就越大。那么怎样才能放大自己的格局呢？最简单的方法是，多读书，多看外面的世界。眼界开阔，才能高屋建瓴，才能有宏图。有了宏图，再不断试错，成功的概率就更大，成功就是偏爱这样有准备的人。

我们普通人，没有马云那样的大格局。但是，做更好的自己，却是可以的。每天进步一点点，一年下来，就前进了一大步。

少花点时间在攀比逢迎上，少扯点东家长西家短，把时间用在丰富自己的思想和灵魂上，慢慢地培养格局。有了格局，你的生活才会有格调起来。

【16】为了避免结束，你放弃了一切开始

你不愿意种花，你说，我不愿看见它一点点地凋落。是的，为了避免结束，你避免了一切开始。——顾城

我有一个男性朋友，离异，带着小孩。他能力强，工作忙碌，事业做得不错，儿子也照顾得活泼健康。

但人的精力总是有限的，本来喜欢读书、写文、练书法的他，这样一来，业余时间就只能被压缩再压缩，个人爱好几度搁浅。

遇到孩子调皮捣蛋的时候，他也真性情暴露。一次他叹气说，真不知道这种当爹又当妈的日子，自己还能坚持多久。

我问：“和前妻有复合的可能吗？”他斩钉截铁地说：“没有。”

我说：“那再找一个呗。”他摇头说：“不想找了，怕跟上一个一样，还是走不到头。”

我说：“你不能因为害怕不能走到最后，就不敢重新开始啊，也许下一个就是真爱呢。”

他苦笑：“上一个开始的时候，也以为是真爱啊，最后还不是各奔东西。真心累了，暂时不想找了，顺其自然吧。其实，前段时间有个姑娘主动示好，我还是狠心装糊涂，虽然觉得有点对不住人家姑娘，但真的没勇气再奋不顾身地投入新的感情了。”

我理解他的顾虑，都说“一朝被蛇咬，十年怕井绳”，越是重感情的人，越承受不了后来的支离破碎。不得不说再见的痛，就是他们心里的疤痕，每每想起，就像把记忆撕开一道血淋淋的口子。

但是，我始终觉得，一个勇敢的人，是敢于开启新生活的人，而不是固执地只用一个人的肩膀，去扛生活的重负，在黑暗里孤独，在寂寥的夜里落寞。人生苦短，何苦为了一段过去为难自己。

正如顾城所说：“为了避免结束，你避免了一切开始。”这样也许是少了一些伤害，但同时，你也错过了幸福的可能，错过了人生路上许许多多的风景。

杨澜说，宁可在尝试中失败，也不要在保守中成功。我一直坚信，人生，就是勇敢尝试的过程。

朋友想要考研，思考再三，最后还是决定放弃。她说：“万一我辛苦努力一年，最后还没考上，那岂不瞎子点灯白费蜡嘛。”

“可万一你考上了呢？你的愿望不就实现了嘛。”我给她打气。

她极不自信地摇头：“我英语太差，记忆力又不好，政治肯定也考不好。文综一共十几本书，能看完一遍就不错了，根本没有时间再复习……算了，我还是不考了。”

“就算考不上，英语也会有进步。”可任我怎么怂恿，她最终还是因为害怕失败，裹足不前。

像我朋友这样的人，生活中其实有很多。他们很想实现某个目标，但因为这个目标有点遥远，或是有些难度，于是就一直持观望态度。久而久之，积极性越来越低，最后还是放弃了。

也许在生命的某一天，他们会有那么一刻后悔。后悔当初，我为什么轻易就放弃了呢？如果我去试一下，也许一切就都不一样了。

科学研究表明，人总是会为没有去做的事感到遗憾，而做了却后悔的事，不到百分之十。

拿破仑爱上了约瑟芬，尽管对方比自己大了六岁，已经是两个孩子的母亲，尽管拿破仑全家都反对他娶这样一个有着放荡名声的女人，但拿破仑还是坚持己见，最后还亲自加冕她为皇后。事实证明，约瑟芬是那个知他懂他的人，拿破仑去世的时候，还喊着约瑟芬的名字。伟人之所以成为伟人，从感情的事上，也可见一斑。

美国曾有一段视频，有人去医院采访一群病危人群，问他们此生最大的遗憾是什么。

“我一直喜欢画画儿，但是因为画画儿无法养活自己，最后不得不学了机械。现在想想，其实就应该做自己喜欢的事儿。不能养活自己，即使去街头乞讨又有什么大不了的，也总比自己浑浑噩噩一辈子强。”一个眼睛有些浑浊、瘦骨嶙峋的老人说。

“高中毕业的时候，我跟所有的同学合了影，却没敢跟我喜欢的那个男孩一起照张相。他是另一个班的，当时就站在我旁边。”说这话的，是一个满头银丝的老太太。

认识一对荷兰情侣，同居已经十年，一对儿女，一个五岁，一个三岁。去年冬天，一家人去瑞士度假，在白雪皑皑的滑雪场，男人终于拿着戒指跟女朋友求婚的时候，女朋友热泪盈眶地说："这一天，我等了十年。"

男人涨红着脸说，戒指他已经买了十年，可是一直不敢开口，生怕被拒绝。

女朋友用小拳捶着他的胸口，撒娇地说道："笨蛋，还好你没有一直等下去。你再不开口求婚，我都要憋屈坏了，还一直在心里琢磨着，难道我不是你理想的伴侣？"

后来，两个人紧紧拥抱在一起。还好，一切都还没有太迟。

有喜欢的人就去追，想结婚的就去求婚吧。不要害怕被拒绝，单身的汉子更应该勇敢一些，也不要惧怕将来可能会分手，那也只是一种可能。

我们谁也没法保证，一定能谈一场不分手的恋爱；谁也不敢说，结了婚就不会离，但总不能因为害怕结束，就拒绝开始。一个不曾尝试、不给自己机会的人，怎么能得到机会。

你对未来有信心，敢于尝试，生活就会馈赠你丰富的阅历。其实，只要是自己心甘情愿选的路，即使失败又如何，换个角度，继续走下去就好，正如西奥多·罗斯福所说——失败固然痛苦，但更糟糕的是从未去尝试。

第二辑

幸福，并不需要很多钱

【1】幸福，跟钱没有太大关系

2007年，我在车公庄转车的时候，路边有一个早点摊，卖豆沙包和酸奶。因为顺路，我总是在他家买。主人是一对四十来岁的中年夫妇，衣着简朴，一看家境就不太富裕，确实，家境好的，谁大清早出来卖早点呢，遇到城管还得风一样地收拾了摊子跑。

有天早晨，正碰上他们自己在吃早饭。女主人的嘴角边黏了几粒豆沙，男人抬手给她擦去，嗔怪地说道："哎哟，我看你都有点老年痴呆了。"男人打趣她……

我在一边看着，觉得很温暖。其实，再苦的日子，若有人陪伴，也会有莫名的幸福。

我一直觉得：钱，只是生活的需要，它能买到物质，却买不来幸福。

曾看过一篇文章，说情人节的时候，月薪几万的单身女青年，在网上给自己订了一大束玫瑰，还有香水、巧克力、心仪的衣服、饰品。清空购物车的时候，她觉得极大满足：只要有钱，还需要什么男朋友？自己想要什么，就送自己什么！

当快递小哥来送东西的时候，她装着很惊讶的样子签收，装作这些都是别人送的情人节礼物。

一个"装"字，道尽了其中的滋味：她其实还是希望，这些礼物是别人送的。我们可以在职场巾帼不让须眉，在商场纵横捭阖，让银行卡上的数字不断攀升，但终究，我们还是渴望一份关怀，一个陪伴，渴望来自另一个人的用心。

我相信，她在撕开包裹的那一瞬，心里确实是满足的，因为每个女人，都很享受拆快递的瞬间。她的幸福可能会更持久一点：将香水喷在身上、享受那块巧克力的甜腻、试试新买的衣服，但这之后，很快地，可能寂寞就会涌上心头。

别问我是怎么知道的，其实，我也有过同样的经历。记得那年，我一个人在北京过年，提前买了自己爱吃的各种腊货，准备了香槟和烟花。过年那天，我炒蒸炖煮，做了八道菜，可是，在拿起筷子的时刻，内心极度孤独。最终，香槟没开启，烟花没燃放，我也只是草草吃了几口，就把菜收拾进了橱柜，开始给家人打电话。

所以，物质丰富了，就真的幸福了吗？

礼物，还是要别人送的才惊喜；饭菜，没人陪着吃，怎么都不香。幸福不是物质的极大满足，而是哭的时候有人疼，累的时候有人靠，是每一个小小的愿望，有人跟你一起实现。

2008年的时候，我仍然在北京，先生从欧洲去新加坡出差。到达目的地以后，他给我发信息，他说飞机经过中国的时候，心里很不是滋味，因为知道我就在那一片天地里忙忙碌碌，却没法带上我，一起去看南洋的风景。

我说，新加坡很美的，你好好欣赏美景，多拍点照片给我看就好啦。

可是他只拍了几个镜头，发给我照片的时候，他说："风景再美，没有人一起欣赏，也索然无味。"

我相信这不是甜言蜜语。因为我过来以后，他们公司每年组织旅行，只要我因故不能参加，他也就不去了。其实，旅行，去哪儿并不重要，重要的是你和谁一起。

当然，保证基本生活的钱，还是需要的。但幸福，跟有多少钱真的没有太大关系。

心中无事，身边有个温暖的人，可靠的肩膀，便是幸福。

【2】爱，才是幸福的关键

马克·吐温回首自己的一生，写下过这样一段话："时光荏苒，生命短暂，别将时间浪费在争吵、道歉、伤心和责备上。用时间去爱吧，哪怕只有一瞬间，也不要辜负。"

爱，是世间最美好、最温暖的字眼。一生三万多天，有什么比"去爱、享受爱"更值得的事情？

我非常同意本田直之在他撰写的图文《少即是多：北欧自由生活意见》里的观点。在物质匮乏的时代，人们总是希望通过买买买来给自己安全感。电视机、洗衣机、冰箱，从一无所有到全副武装，人们的幸福感能得到极大提升。

因为饿过，所以想要很多食物；因为冻过，所以想要很多衣服。但是，当物质极大丰富以后，占有物质很难再让人获得长久的满足和幸福。这时，真正能带给我们幸福感的，是精神层面的充实和愉悦。

本田直之认为，比起短暂的、由物质满足带来的大幸福，生活中的"小确幸"更令人感动，比如与家人共度的美好时光，比如和朋友一起旅行中的记忆。真正的幸福，来自自身的体验，来自生活中每一个与众不同的瞬间。

很多20世纪五六十年代出生的人，回想起自己的童年，往往觉得自己小时候十分幸福。其实那时候，物质奇缺，甚至因为吃不饱而要啃草根、吃榆钱。但是，父母相敬如宾，一大帮兄弟姐妹撒丫子玩儿，从来没觉得有多苦。

所以，爱和自由，才是幸福的决定因素。

杨绛曾说，她嫁给钱钟书，从大小姐到老妈子，但她觉得很自然，没有觉得委屈。为什么？因为爱，出于对丈夫的爱。为了支持钱钟书写作，让他减少教课钟点，节省开支，她辞掉女佣，甘愿做他的“灶下婢”。

因为相互之间爱得深，她为他默默无闻地奉献着；因为他懂得她的好，两个人感情也愈来愈深。

“我见到她之前从未想到要结婚，我娶了她从未后悔，从未想过要娶别的女人。”钱钟书这么说。这简直是最虐狗的情话。

杨绛在牛津的时候怀孕了，钱钟书说：“我不要儿子，我要女儿。只要一个，像你的。”对妻子的欣赏，让他希望自己的女儿像她一样，温柔贤惠、知书达理。

而杨绛的回复，更是让人像看偶像剧一般，满眼的罗曼蒂克。她说：“我对于像我并不满意，我要一个像钟书的女儿。”

因为有和谐的夫妻关系、父女母女关系，才有杨绛先生的著作《我们仨》。杨绛在《我们仨》中说：“我这一生并不空虚：我活得很充实，也很有意思，因为有我们仨。‘我们仨’其实是最平凡不过的，我们这个家，很朴素。我们与世无求，与人无争，相守在一起，各自做力所能及的事。碰到困难，钟书总和我一同承担，困难就不复困难。还有阿瑗相伴相助，不论什么苦涩艰辛的事，都能变得甜润。我们稍有一点快乐，也会变得非常快乐，所以我们仨是不寻常的遇合。”

在充满爱的地方，幸福和快乐总是能被放大许多倍，而些许痛苦，常常被缩小到可以忽略不计的地步。

1938 年，哈佛大学的 Arlie Bock 决定做一项研究：追踪一批人，记录他们的一生，然后得出结论，什么样的人，最可能获得人生的幸福?

Arlie Bock 教授的研究团队，都是哈佛大学的精英，成员来自医学、生理学、人类学、心理学、精神医学和社会工作，甚至包括赫赫有名的阿道夫·迈耶。最终，他们确定了 724 名被研究对象，其中包括 200 多名哈佛本科学生和 400 多名来自波士顿附近贫困家庭的年轻人。

如今，这项研究已经持续了七十多年。几十万字的研究资料，到底得出了什么结论呢？什么样的人，才更有幸福感？是财富的拥有程度？是社会名望?

都不是。哈佛大学得出的结论是：只有好的社会关系，才能让我们幸福、开心。

无论是出身显赫、受过高等教育的精英也好，还是从贫民窟走出来的人也罢，不管你是光芒万丈、功成名就，还是碌碌无为、苟且偷生，最终决定内心是否有充足幸福感的，是我们与周围人之间的关系。

参与者中，有一对幸福的夫妻，在他们八十多岁时，身体出现各种毛病，但他们依旧觉得日子很幸福，可以互相依赖。

而那些婚姻不快乐的人，哪怕有一点不适，坏情绪就会把身体的痛苦无限放大。

朋友之间也是这样，有趣味相投的朋友的人，活得更有滋有味。

所以，爱情、亲情、友情，这种与周围人群之间良好的家庭、社会关系，才是我们幸福的关键。

“Beyond a certain point,additional income does nothing to promote happiness.” Richard Layard 认为，当财富达到一个临界点的时候，收入的增加与幸福感的提升就不是正比例了。观察了许多欧洲幸福家庭的生活之后，我觉得这个“临界点”，其实就是衣食无忧。

现在已经不是可以从物质中获得幸福的年代了，爱才是幸福生活的钥匙。

平凡的日子，普通的家庭，因为有了可以相依相偎的人，心中才不缺安全感，因为你知道，你不是一个人在战斗。无论情况有多糟糕，你都知道，会有人是你坚强的后盾。

一个和美的家庭，三五知心好友，与人为善，力所能及地帮助他人。虽然我开不起玛莎拉蒂，但那又有什么关系。因为，我也有自己的“我们仨”，所以每天也会觉得幸福满满。

【3】自从遇到你，我再没羡慕过任何人

小的时候，总听大人说，电视剧里面的爱情故事都是骗人的，生活就是柴米油盐酱醋茶，哪有那么多的轰轰烈烈……我特别惆怅：难道人生的轨迹就是结婚、生子、陪读、买房、抱孙子？

女人的内心里，多少都是渴望浪漫的。我等了那么多年，一直

期待着，能遇到一个合拍的人，我们拥抱、相望，哪怕不说话，空气里也是甜腻有爱的。

直到我遇到了你，你满足了我对爱情的一切向往，让我每天都活在童话的氛围里。在认识你之前，我总觉得自己是在流浪，因为那时的我，心还没有找到栖息的地方；直到有了你之后，我才有了那种归宿的感觉，才觉得特别温暖、踏实。

跟你一起出门，我也从来不用记得带钥匙，因为你总会打开家门，侧身让我先进。家里的邮筒，我也从没去取过信件，因为你总会下班取回，把属于我的工整地放在我的书桌上。

若是被噩梦惊醒，我只需往你身边挪一挪，你就会迷迷糊糊地伸过胳膊搂住我，摩挲着我的头发，睡意蒙眬地在我耳边说："睡吧，有我在呢。"

那时，所有梦里的情绪和不快，顷刻间就会烟消云散。我在心里偷偷地告诉自己，真是杞人忧天，有你在，还怕什么呢？然后，就放心安然地进入了梦乡。

我们经常开几个小时的车，只为吃到一餐地道的中国菜，跟你同事说起，他们说你 Gek（荷兰语，疯了的意思）。你笑问同事："把你放到中国住两个月，你会不会满大街找汉堡？"同事想了想，表示理解。

你会在不是节日的日子里，送我鲜花；你自己节省，却愿意给我买些超出预算的礼物……尽管这些都是小事，但是我都记得。

记得那天收到社区检查听力的通知时，我抱怨："咱们又没有老，检查什么听力？"你装着努力听仍然听不清的样子，大声问我："你说什么？"我仿佛看到多年以后，我们老了的样子，忍俊不禁，笑着要打你。

记得刚过来那年，我们去德国小镇Fulda玩，看到高速路边有很多Ausfahrt的牌子，想着这应该是一个大省吧，这么多的路都通往那儿。

后来，你右转，开上一条Ausfahrt的路，我急忙提醒你，是不是开错了，我们是要去Fulda，不是去Ausfahrt。你笑得喘不过气，这个故事，后来成了你取笑我的把柄，原来，Ausfahrt是德语“出口”的意思。

一家公司给我发来就职问询，大概就是针对公司的要求做一些回复，其中有一项是“遇到问题，你是怎么解决的？”你随手填上“我喊我先生解决。”我大笑。确实是这个样子的，遇到什么问题，我只要一声喊，你过来了，问题就迎刃而解了。

我们疯癫着上楼睡觉了，第二天，我忘了修改这个问题，直接发给了那家公司的HR，结果人家很快回复：“你可以带着你先生来上班吗？”

我从上学时开始，就喜欢写东西。我多年的愿望，就是能出一本自己的书，有着美美的封面，旁边印着我的名字……可是，毕业后就忙于工作，一直未能实现。

是你，认真地跟我说：“如果那是你的梦想，就去实现吧。”你鼓励我只做兼职，抽出时间写东西，甚至辞职也可以。

你说：“人活着，就应该做自己喜欢的事情，把生活当作爱好来过，才会开心。你不需要考虑其他的，好好做你想做的事，我来养家，让你开开心心的，是我的义务。”

在你的支持下，我开始在简书上写文，后来得到简书的认可，成为他们的签约作者。也是得益于简书这个平台，好几个编辑联系我出书，经过甄选，2016年5月底，我签了两本书约，并于暑假结束的时候交了稿。在 2017 年新年来临之际，新书《世间唯有我的达西先生》在各大网站开售。

出书这个愿望，如果没有你的支持，根本就无法实现，因为，每每遇到低谷，都是你在鼓励我。我写故事，你说，生活就是需要一些故事，或温暖人心，或警醒世人。我写励志小文，被人说“鸡汤”，我给你解释了“鸡汤”的含义后，你说，社会险恶，总需要一些正能量，激励人们负重前行……

你总说，你为我骄傲。我的文章被大号转载了，我的公众号涨粉了，你总是跟我一样开心。

有你为我负重前行，我才得以现世安稳，有时间和精力舞文弄墨，过着二十岁一样的生活。

对你的感激，我都写进了《世间唯有我的达西先生》这本书里了。这里面，有我们生活的日常，有狗粮，也有一些生活中的感悟。

感恩命运让我遇见你，自从有了你，我原谅了命运对我的一切恶意。我不再羡慕电视剧里的爱情，因为她们有的，我也都不缺。

生命那么短，我不想争吵，不想冷战，不想和你有一秒的遗憾。

从此后，唯愿你平安健康。而我只想与你，择一城，看书、写文，偶尔出门旅行，然后一起慢慢变老。

【4】把坏日子过好，是一种能力

在北京某校工作的第二年，教学组新来了一个年长的女教师，她长相清秀，做事雷厉风行，接盘学校最难管的班，一个月就把学生管理得规规矩矩。

她在工作上叱咤风云，但她的生活，却不尽如人意。她离婚十几年来，一直是一个人，中途曾经找了一个挺不错的男孩子，但因为年龄偏大，被男孩子的家长嫌弃，最终劳燕分飞。据说这次分手，她是真的伤透了心——一个不轻易动感情的人，一旦动了真情，那必定是蓄势已久，即使深沉，亦如排山倒海。

她跟我们一样，租住在学校的单身公寓里，我们几个，平时风风火火，出去吃麻辣烫或烤串，周末去簋街或是王府井吃小吃。但她很少跟我们一起，总是微笑着说她有别的事情要做。

一次她生病了，我去看她，一进门，我诧异极了。灶台上干净整齐，一尘不染；布帘子后面，印花的床单和被套，清新脱俗；对着床的窗台上，黄色的米兰正吐露着香气，屋角的几个花盆里，水仙和杜鹃也开得正艳；床尾处是一张书桌，一本教案，几本闲书；挨着书桌的，是一个简易的布质衣橱，衣橱下面，几双皮鞋摆得整整齐齐。

我张大了嘴巴："沈老师，你的房间让你打理得这么雅致！"她不好意思地摇头说："还雅致呢，巴掌大的地方，根本没法摆多少东西啊。我还有十来盆花，没地儿放，都让我放到教室里了。"

我想起来，去她们班听课，教室里绿意萦怀，让人心旷神怡，当时还以为是为了刚过去的家长会，做做样子的，我真是小人之心了。

那天我们聊了很久，她跟我说，她也不想一个人。前夫是个很优秀的人，他们懂得彼此，错就错在，他被公司派到香港，一去就是半年，在那儿遇到了一个年轻貌美的会五种外语的姑娘，就移情别恋了。离婚的时候，她其实还有几分不舍，但她是眼里揉不得沙子的人，只能忍痛割爱。

后来的那个大男孩，本来是他猛追的她。开始她有顾虑，自己年龄比他大，还能不能要孩子都是未知数。但他信誓旦旦：“我爱的是你，年龄不是问题，孩子也不是问题。”可等到家长干涉的时候，他退缩了。

她说，她也一直在寻找和等待，但缘分这东西，强求不来，一个人，也要好好过。其实，一个人也有一个人的好，起码时间自由，她坚持一周健身三次，最近还报了书法班。

那天的拜访，对我的影响很大，原本我是不大愿意收拾我的蜗居的，总觉得租的房子，过一天是一天。虽说听过那句“房子是租的，但生活是自己的”，可还是提不起兴趣打理，但那天以后，每每想到沈老师的房间窗明几净、花香扑鼻的样子，我就会收拾收拾我的小房间。

毕淑敏说，好日子，不是有钱有健康，也不是美丽和能力，而是要有爱。可是沈老师的生活里，爱是一个奢侈品，是她很多年来一直缺少的东西，但是，她却能把烂牌打好，生活工作都安排得井井有条，内心也不匮乏。

把坏日子过好，是沈老师的一种能力。努力工作，获得来自学生的尊重、领导的赏识、家长的认可，有了安身之本；热爱生活，充实自己，尽可能把家布置成自己喜欢的样子，每一天都不凑合，将日子过得热气腾腾。

面对坎坷与厄运，有的人愁眉不展，有的人却能微笑面对。苏轼在被贬谪到偏远贫穷的黄州，仍然能“认得醉翁语，山色有无中”，依然能寄情山水，写出“一点浩然气，千里快哉风”这样狂放的诗句……

其实“不以物喜，不以己悲”不是每个人都能做到的。但是，对于已经发生的事情，要学着去接受、去面对，而不是一味地纠结，走不出牛角尖。真的不能把自己一直困在麻烦里，不能把自己一直裹在坏日子的茧里，要想着去撕开蛛网，寻找一处光亮。

前几天生病，去医院做了彻底检查，结果出来之后，医生约了我面谈，建议我在五六月份的时候，去做个手术，能不能微创，暂时还决定不了。

知道我生病了的朋友，都关切地问我身体怎么样了。我说，暂时好多啦，不过两个月后，要去做个手术。她们惊讶地瞪大眼珠子，夸张地说道："天啊！那你还这么活蹦乱跳的！聚会游玩，你还一次都不落下！"

我说："不然怎么办？难道我就天天坐在沙发上，抑或是躺在床上，忧郁愁闷，就有用吗？"我抑郁，就能免去手术之苦吗？既然不可能，那反正已经这样了，就只好接受这个事实，谨遵医嘱就是。我当然也害怕手术，想到刀子划过皮肤的脆裂声，我也战栗，但既然来了，就让它来吧，只要死不了，康复之后，我还可以美美地穿裙子涂口红，没什么大不了的。

我不愿意辜负每一天的阳光、每一天的清风，所以肆意地享受着手术之前的春景。手术的那段日子，不能自由活动，甚至生活不能自理，那一定是坏日子了，所以我更不能让自己的心情，再破坏了之前的这段时光。

我曾写过一篇《有品质的生活，不一定是房子车子票子》的文章，有人说我站着说话不腰疼。他们说如果有钱，财务自由，他也想过有品质的生活……我只能说，他没有看懂我文章的本意。

在力所能及的情况下，尽量把生活过得品质起来，多给自己一点自由的时间，多读书、健身、跑步。这些，其实并不需要很多钱。

就像沈老师，她把租来的房子当成自己的房子，把缺少爱情的生活过得有归属感和认同感；像我，明知要经历劫难，仍然云淡风轻。其实，把坏日子过好，也不需要很多钱。

把一手烂牌尽力打出好的结果，主要考验的是你的心态和修养。

【5】找准自己的“嗨点”，糟糕的日子调节着过

我一个做主播的朋友告诉我，当她每每被父母催婚，或是遇到不顺心的事时，她就自己写一写心情，然后开始录音，再把音频放到公众号上，等发布以后，看听众的留言。她说，回复留言，其实是一种理智的交流方式，她就某些问题发表看法，听众就她所说的内容给出建议。她用这种方式，平复自己的小情绪。

而我自己，很多时候，是借助大自然来抚平我的忧伤。刚来欧洲的时候，乡愁剪不断理还乱，没事我就去林子里晃悠，去公园里远足。看着刚长出的苞芽，感动生命的力量；树木落叶纷飞，叹息生命易逝。大自然，总有种神奇的力量，能让我平静。

什么事能让你忘掉一切？或许是画画儿，或许是蹦极，或许是和朋友喝酒聊天……找到适合自己的方式，用来调节不如意时的心情，疗效还是不错的。

【6】心中有爱，生气的日子理智地过

周迅和高圣远谈恋爱的时候，由于高圣远嗓门大、脾气急，经常吵架后有一方夺门而出，但是，周迅知道高圣远心里是爱自己的，所以即使正在气头上，也不忘买了高圣远爱吃的鸡腿带回来。年轻人性格都有棱角，难免吵架，但可贵的是，两个人不会持续冷战，不会语出伤人。

很多人吵架之后，只会站在自己的立场思考问题，这很不理智。其实，我们应该多替对方想想，他为什么会生气？如果出发点是好的，那又有什么不可原谅呢？两个人都往中间走一步，握手言和，一切又都会美好起来。

【7】接受事实，让生活柔软一些

失恋了，就注定是痛苦的日子吗？其实不一定。

给自己买一束悦目的花，换一张崭新的书桌，书桌上的台灯，光度调得温暖一点，吃饭的时候，来一首轻音乐，抽时间跳一跳郑多燕，大汗淋漓之后冲个凉，抱着泰迪看个偶像剧……生活里，其实有很多美好的事情。

一个新买的瑜伽球，一块绒绒的地毯垫，许多东西，都能在一瞬间，让我们的心柔软起来。

很多不好的境遇，看淡以后，注意调节，你会发现，一切并没有你想象的那么可怕。

【8】如果可以，力所能及地去改善

写作的时候，认识了一个原创作者。问他是怎么开始写文的，他说他娶了个美妻，妻子什么都好，就是抱怨他没有出息，不能像其他人一样买房。他生怕失去她，不想被她看低，于是就努力发展自己成为“斜杠青年”。除了上班，他自己写文挣稿费，在滴滴快车刚开始的时候，加入进去，把私家车开出去拉活儿。

虽然直到如今，他的收入仍然不够在大城市买房，但家里的经济明显宽裕了好多。妻子看他这么努力，也不再抱怨，还总是心疼他别累坏了身子。

毕淑敏曾说：“好日子和坏日子，是有一定比例的。就是说，你的一生，不可能都是好日子——天天蜜里调油；也不可能都是坏日子——每时每刻黄连拌苦胆。必是好日子坏日子交叉着来，如同一块花格子布。”

生活注定不可能事事顺心，就像心电图，总有些起伏。如何把坏日子过好，把好日子过得更好，就看我们的智慧了。

【9】该断舍离的，远不止你的衣物

漫长的冬季终于走远，脱去沉重的棉服，思想似乎也从窒息中解脱出来。感觉一切都在复活，阳光下，我开始归置我的小阳台，松土撒种、移花接木，然后就是坐下来，冲一杯咖啡，欣赏着自己的杰作。

从今天开始，就只是期待着我撒的花籽儿们发芽了。尝到了劳作的快乐，我索性大张旗鼓地断舍离起来，先生从俱乐部回来，我已经收拾出了两大箱弃置不用的物品，请他帮我搬去捐物箱。

看着焕然一新的家，心情格外愉悦。原来，那些常年不用的东西，它们的害处远不止是杂乱，让空间变得拥挤、狭小，还给人一种精神上的压力。

之后，情绪大好的我，坐下来开始准备工作。新书要交稿，上一本书的宣传还没结束，我还需要准备一个广告文案，还有一个合同需要通读。虽然屋外阳光跳跃在树梢上，鸟儿欢悦的叫声躁动着我春日里的心，可现实，不容许我偷懒。

但先生说，今天是周末，何况我已经做了很多，应该休息了。“放着这么好的春光不去享受，是一种浪费。”他不由分说地拉起我，要带我出去兜风。

车子渐渐开始爬坡，眼前豁然开朗。右边是大片的绿地，色调深浅不一；树上的叶子才刚刚冒出嫩芽，整个低空里好像漂浮着浅浅的一层绿烟，梦幻朦胧；小山丘的线条是那么柔和，仿佛经过特殊的艺术处理似的；草地上散落着几户人家，红墙青瓦，静立在阳光里。往左看，小山坡蓦地突兀起来，丰腴圆润如少妇的香肩，黄色、白色、紫色的花点缀其中，小小的灌木在草地上竟也挺拔如英雄。

转个弯，一个尖顶的城堡便映入眼底。它虽然经历了多年的风雨沧桑，却还森严地傲然在树丛之中。连接主路到城堡的是一条长约一公里的蜿蜒公路，走在上面颇有一种曲径通幽的感觉。一群绵羊在山坡与天交接的远方悠闲地吃草，与空中柳絮似的白云遥相呼应。

路边上停着无数的车，徒步的、骑自行车的三五成群，奇怪的是，即使那么多人，却一点也不觉得拥挤喧闹。到处一片静谧，安详的静谧，恬静的静谧，身处其中的人，仿佛都被大自然的美所折服，沉醉其中，只用自然的呼吸来倾诉自己。

“太美啦！浅绿如烟，粉红初绽！”我感叹。先生得意地问我他的决定是不是对的，我说：“对是对，但我确实有很多事情要做啊。”

他将车停在路边，严肃地看着我说道：“你不能要得太多，你已经够努力了，把自己搞得太累，生活就是亚健康了。我看你啊，该断舍离的，远不止你的衣物……”

其实，先生很少干涉我的生活，可能是我最近的状态，让他有些担忧。我常常在做饭的时候，还在想着要做的事情，连他跟我说什么，都没真正听见，只是敷衍着答应。

扪心自问，我确实要得太多。我找的借口是，人在江湖，身不由己。刚刚开始写文一年多，我却要跟那些写了十年的人比成就，我想要出版了的书卖得好，想要公众号粉丝增长，想要接到高大上的广告，想要写出“爆文”。

太多的“想要”，让我应接不暇。除了度假，我把自己空闲的时间全部花在了这些上面，冷落了家人。

其实，哪有什么身不由己，一切都是自己的选择而已。

柳宗元在《蝜蝂传》中讲述了一个寓言故事：一种叫蝜蝂的“善负小虫”，极喜爬高，但凡所遇之物，尽占不舍，结果越背越多、越背越重，又停不下、歇不了，到最后，累得一命呜呼。

小虫如此，人又何尝不是？在现实生活中，其实有很多为名利所累、为权位所累的人，他们越爬越高，等到最后想停下来，却发现身不由己了。现在大火的电视剧《人民的名义》里的祁同伟，就是个典型的代表。

贪心好比一个套结，把人的心越套越紧，我们要做的，就是经常停下来，做一做欲念上的“断舍离”。要得别太多，欲望少一些，生活简单一些，幸福也会多一些，也才会更有精力去发现人生中真正重要的东西。

在中国古代，也有很多参透了人生意义的名人志士。像《增广贤文》里所说：“良田万顷，日食三升；大厦千间，夜眠八尺。”

大道至简，真正有内涵的人，淡泊以明志，宁静以致远。杨绛先生也说，在百转千回之后，才发现人生最曼妙的风景，竟是内心的淡定和从容。

可是我们，总是想让自己的成就再大一点，让家人为自己骄傲一点；总是想再多挣一些钱，给他们多买几份礼物，让身边的亲人更好地生活……想要的太多，难免疲惫、焦躁、戾气上升，以至于压力太大，使健康受损。

其实，我们的出发点并没有错，只是太着急。长城也不是一天建起来的，慢慢来，一切也还来得及。

其实，爱你的人，宁愿不要你的礼物，也希望你身体强壮；宁愿你没有成就，也不想你整日忙碌，愁苦烦闷。先生就常说：“我已经很为你骄傲了。”他希望我，不管做什么，仅仅当作爱好，喜欢才去做，而不是要为某件事殚精竭虑、心思枯竭。

我们放不下的，其实是自己的执念，是自己内心的混沌。有些钱不赚，我们还是能生活得很好；有些事不做，也并不会有太大影响。

执着于名利，我们错过了无数春光，辜负了大自然的馈赠，错过了和家人朋友相处的美好时刻，长期过分专注于一件事，让身体、心理处于亚健康状态。

经常给自己的思想也做做断舍离吧，用“见素抱朴”的那份淡定，跟衣物一样，只留下必需的、配得上当下的你的那些。可做可不做的事，可赚可不赚的钱，追名逐利的行为，就通通放下吧。你能支配自己的时间和空间，才是智慧的人生。

安能以身之察察，受物之汶汶者乎。游刃有余地过减法生活吧，要的少一点、精一点，过简单幸福的生活就挺好。

【10】有过遗憾，才更懂得珍惜

女孩子天性爱美，小时候家境一般，不能给我买仙仙的小裙子、漂亮的头绳，看着别人打扮得美美的，我内心羡慕极了。但是，自尊心使然，让我总对这一切表现出无所谓的样子，路过小商店，我也只是偷偷地瞟一眼那些漂亮的衣服，之后就扭过头去，装作并不在意。

我用拼命学习来弥补物质短缺方面的自卑，我把头发剪短，好像天生就是假小子。可只有我自己知道，我多么渴望自己能做一个穿着公主裙的姑娘，浅笑吟吟，顾盼生姿。

后来我去了大学，在太平洋百货里，看到一条红裙子——那是我梦寐以求的裙子啊！那一字形的衣领上，是本色的布艺做成的几朵素朴的花，平贴自然，那修身的流线，大大的裙摆，美得让我爱不释手，可一看价签，远远超出了我当时所能接受的一条裙子的价格。

恋恋不舍地离去，回到宿舍，辗转反侧，那条裙子，始终在我眼前。跟好友一商量，她怂恿我说：“这么喜欢，就去买了呗。可能你今后再也碰不到这么让你心动的衣服了。买衣服就像选对象，机会合适，就要下手，否则，错过了可能就不会再遇到了。”

她小小年纪，却是看得透彻。我听了她的话，从她那儿借了一部分钱，第二天午休的时候，从学校坐了一个多小时的公共汽车，去把那条我心心念念了一整天的裙子买了回来。为此，我也连续做了好几个周末的家教，才攒够还她的钱。

这条红裙子，直到现在还挂在我的衣橱里。虽然已经有好几个夏天没有穿过它了，但一直也舍不得丢弃，买她时的心情，买到后的满足和欣喜，这么多年以后的今天，我依然清晰地记得。

一条红裙子，美好了我几年的大学时光。

我从来不羡慕富二代们的生活，因为，她们确实活得轻松许多，但她们，却也体会不到，想要一个小物件很久，终于把它收入囊中的那种愉悦。

我的第一份工作，是在一个小城里。我住的那条街，多是一些退休老人，他们对新鲜事物接受缓慢，喜欢故步自封。

总算有了可以供自己支配的工资，我自然是把自己的形象，朝我一直向往的方向打理。我对衣服的数量不是很热衷，却十分强调质感，我总觉得，小城里的服装店，品味不够，于是喜欢和三五个同事一起，周末去大一些的城市采购。

那些个退休的老太太，总会指着我们，咂巴着嘴说：“啧啧，你看看这些姑娘，一个个打扮得花枝招展，哪有心思工作啊。”

某次，同事烫了个大波浪，我也终于没忍住，将头发染了栗色。其实，栗色已经是很不显眼的颜色了，但还是没能逃过大爷大妈的责难：“头发都染成洋鬼子的颜色了，真是崇洋媚外得厉害。有本事把眼珠子也抠下来，换成蓝色的啊。”

这话传到我耳朵里，实在是来气。姑娘们爱美，就一定不能好好工作吗？染个头发，就是崇洋媚外了？可是，秀才遇到兵，有理说不清。跟一群这样的大爷大妈理论，也是对牛弹琴，我也只好装聋作哑，只当不知道他们背后说的这些，看见他们，迫于情面还得跟他们打招呼。

后来到了北京，一下子觉得天地是如此广阔，我可以自动忽视北京春天里的沙尘暴、早晚高峰的堵车、雾霾的天气和高昂的房价，一头扎进它自由的氛围里。在这里，你穿成疯子也没人管你，你把头发染成红黄绿，顶多是在大街上多一点回头率。

那几年，我租住着十平方米的小屋子，却开心到不行，只因为我的房间，有独立的洗澡间和卫生间。我可以吃到全国五湖四海的菜肴，足不出北京城，味道却正宗得很；我可以想去哪个书店就去哪个书店，在书店里混一天，也不会遭店员的白眼；那么多的商场林立，对于挑剔的我来说，买衣服简直是太方便了；周末还可以参加“驴友”活动，也可以去学个古筝、跳个健身操，生活无比滋润。

我的小幸福，很多人不懂。比如我姐，她听说我租住的地方只有十平方米，几度为此哽咽。我知道姐姐是出于对我的关心，但她不知道，能够财务自由、精神自由、身心自由，对我来说，就是十分幸运。我真心地由内而外地感觉到一种淋漓尽致的解放，至于没有房子，这件事并不影响我那时那刻的幸福感。

因为曾经有过遗憾，所以更懂得珍惜。物质方面、精神方面都是这样，感情上也如此。

西方国家的男人，完全不忌讳找有过离异史的女朋友。因为他们觉得，有过失败婚姻的人，更懂得如何经营一段感情。她们会自觉去发现对方身上的优点，也会总结上一段婚姻的问题出在哪里，从而认识到自己的不足，在下一段感情里努力改进。

每个人的一生中，都会有这样那样的遗憾，工作、爱情、事业、生活。世间之事，哪有十全十美。遗憾，不是好事，但也不是一无是处，它能带给人对生活更多、更深刻的感悟。

遗憾是一种破碎的美、一种残缺的美。没有遗憾的人生，本身或许就是一种遗憾吧。

如今的我，住在欧洲的村子里，虽少了繁华，但屋后就是大片绿色的草地，草地上白色和枣红色的马匹，偶尔扬起前蹄嘶鸣。走个一公里，就是森林，骑车、徒步、骑马、兜风，鸟儿就在头顶上啾啾鸣叫，迎面走过来的人，友好地打着招呼，满面笑容就像是春风拂面，暖到心里去。

偶尔也觉遗憾，因为这里没有文学沙龙、没有唐人街、没有正宗的中餐馆。但我也知足和感恩，因为这里秀美静谧，又是一个天然氧吧，晴好的日子里，蓝天白云，骏马牧场，也格外让人心旷神怡。

其实，不管你选择哪一种生活，一定不会总是枝繁叶茂、莺飞燕舞、花团锦簇。它一定也会有阻挡在前的高山和荒凉的沙漠，就像天气，总不能一年 365 天阳光普照，偶尔也会有阴雨和迷雾重重。

但风雨之后的彩虹，会格外绚丽；擦干泪水后的微笑，也会分外灿烂。我们也要感谢曾经生活中的不如意，让我们更懂得珍惜和欣赏。

【11】你，是我生命中最美的遇见

我常常感叹大自然的巧夺天工，让我们遇见那么多的美好。每天的朝阳和落日，晚霞和晴空；春天里的花开，秋季里的红叶；雨后的彩虹，浪漫的流星雨；纷纷扬扬的雪，或是闪电撕裂时天空的绮丽。

生命，就是由一次次这样的遇见组成，同时也丰富着我们的经历。但最美的，还是我们遇见生命里的那个人。

钱钟书和杨绛的遇见，便是这样的自然，他们随后的幸福，也是水到渠成。

钱钟书曾对杨绛说："遇到你之前，我没有想到过结婚，遇到你之后，我结婚没有想过和别的人。"朴实的情话，不如"山无棱，天地合，乃敢与君绝"那样雄浑铿锵，却也是最接地气的表白——我想娶你，用一生来证明我对你的爱。

贾宝玉第一次见到林黛玉时也说："这位妹妹，我曾经见过。"这是少年懵懂的一见钟情。他们的相见，给我们谱写了一段千古爱情的赞歌。

罗密欧和朱丽叶，梁山伯与祝英台，《泰坦尼克号》里的杰克和罗丝，《傲慢与偏见》里的达西和伊丽莎白……不管是现实还是神话、喜剧还是悲剧，当初的遇见，都美得不可方物。

每一段相遇，都是缘分。芸芸众生，偏偏是这两个人，在茫茫人海中撞见、凝视，然后动了真情。

沈从文第一次和张兆和见面，是在1930年。他们俩的爱情里，沈从文是那个"低到了尘埃里"的人，他为张兆和写了许多情书，他说他的感情变得无法压制，只能通过一封又一封情书来倾诉他的深情。他曾在一封信里写道：“我本来一直想要让别人成为我的奴隶，可认识你之后，我却只愿意成为侍奉你的奴隶。”

沈从文出身贫寒，张兆和的父亲则是合肥的大富商。沈从文爱上张兆和，是典型的穷小子爱上富家女，何况张氏四姐妹个个才貌双全，追她们的人排着长队。沈从文硬是用一封封情书，撬开了这个单纯任性的张家三小姐的心房。

沈从文说：“我行过许多地方的桥，看过许多次的云，喝过许多种类的酒，却只爱过一个正当最好年龄的人。”“我就是这样一面看水一面想你。”直到1969年初冬，他被下放前夕，还一直珍藏着张兆和当初给他的第一封回信。

沈从文写过一篇名叫《三三》的小说，里面叙述的是一个年轻少女的初恋，而沈从文就是一直以“三三”来称呼张兆和的。他曾说，一个女子在诗人的诗中，永远不会老去。在他的心目中，张兆和永远是那个皮肤黝黑却容颜俏丽的少女。

张兆和没有辜负沈从文的追求，她陪伴着沈从文，度过一次又一次来势汹涌的打击，走过艰辛清贫的晚年岁月。最终，沈从文先行离开了这个世界，把无限的眷恋留给了白发苍苍的妻子。

深情亦不过如此。

冰心与吴文藻的遇见，开始于远洋客轮上的一番阴差阳错。冰心受朋友嘱托，要照顾朋友的弟弟，同学去找冰心朋友的弟弟时，却叫来了吴文藻。

两个人由此相识，再加上后来的又一次邂逅，最终成就了一段六十年的美好姻缘。

黄晓明结婚的时候，对Angelababy说：“我真的生来就是保护你的，只想把全世界最好的东西捧在你面前。你老问我把你宠坏了怎么办？那就让我把你宠坏好了，因为我知道，把你宠坏了，别人就抢不走你了。”

Angelababy 什么都不缺，她最稀罕的，就是一个全心全意对她好的人。黄晓明在外一副霸道总裁样儿，回家后秒变宠妻狂魔。爱情事业双丰收，这才是最得意的人生。

遇见那个生命中的人，就像听到花开的声音，从心底里，寂静欢喜。

有个读者说，谈过两次恋爱，都以分手告终，感觉自己特别失败，不敢再陷进爱里了，否则受伤的总是自己。

我想对她说，黄晓明也不是 Angelababy 的初恋啊。谁在遇到自己的 Mr. Right 之前，没有被伤害过几次呢，有些人的出现，只是为了要给你上一课而已。

每个时期，都会遇见一个对自己来说很重要的人，有的会选择停留，有的则是选择离开，不管是哪种结局，请记得，他们都曾经是你很重要的人。

每一段遇见，都有它的意义，它教会了我们应该如何去爱别人、去爱自己。也让我们懂得，什么样的人，才适合我们的个性，才能与我们过一辈子。

每一段感情，都并非一无是处。如果那个人真的让你讨厌，你也不会答应他的追求，所以，他毕竟有让你动心的地方，一定给过你美好的回忆。只是因为后来的伤害，让我们忘记了那些曾经有过的甜蜜。

我不后悔遇到过的每一个让我动过情的人，那些都是我活过的印迹。有一天，当我老了，回忆起来时，我的生命不至于像一张白纸……我会感激他们，把我的青春，涂抹得五彩斑斓。

错误的遇见，或许带有一丝苦涩，但我们不能因为害怕受伤，就把自己一直囚禁在城堡里啊。我们还要去尝试，因为所有的尝试，都是为了一个目的——遇见你生命里对的人。

平凡如我，也终于在暗夜的扑腾中看见了光明。认识先生的那个秋天，北京的风景格外美丽……

如今，每年的十月，我都要隆重地纪念我们相识的日子。因为，多年来的风吹雨打，从那一刻开始，乌云散去，阳光明媚。

感恩遇见你，从此不离不弃。

听见　冬天　的离开　我在某年某月醒过来
我想　我等　我期待　未来却不能因此安排
阴天　傍晚　车窗外　未来有一个人在等待
向左　向右　向前看　爱要拐几个弯才来

我遇见谁　会有怎样的对白
我等的人　他在多远的未来
我听见风　来自地铁和人海
我排着队　拿着爱的号码牌

我往前飞　飞过一片时间海
我们也曾　在爱情里受伤害
我看着路　梦的入口有点窄
我遇见你　是最美丽的意外
总有一天　我的谜底会解开

——《遇见》

这是我特别喜欢的一首歌，我们排着队，拿着爱的号码牌，我们都在期待，能有一场人生最美的遇见。

此刻，如果你生命里的那个人还没有出现，请耐心一点，他可能，正在来的路上。

董卿在《朗读者》节目第一期里说："世间一切，从某种意义上来说，都是遇见。就像冷遇见暖，就有了雨；春遇到冬，就有了岁月；天遇见地，就有了永恒；人遇见了人，就有了生命……"

我说，你遇见了他，就有了幸福。

【12】幸福萧条期，帮你找快乐

有人说，现在是"幸福大萧条"时代，人们忙忙碌碌追求物质，财富和名声成了衡量成功的主要标准。

很多人活得没有目标或者是模糊了目标，他们活得目的性很强，比如赚钱。有人有了一套房子，还想再买两套；有了一百万，还想要一千万，越来越恐慌、没有安全感，在追求财富的道路上，步子越走越急，根本不敢停下来。即使最后功成名就，心灵却像缺了水的花儿，过早地凋谢了。

确实，就像公司会破产一样，我们的心灵也会破产。公司如果入不敷出，就会面临倒闭；而我们的心灵，如果负面情绪超过正面情绪，人就会觉得活着没有意义，沮丧、无精打采、自怨自艾。

丹尼尔·戈尔曼曾说，21世纪，是"哀伤的时代"。相当一部分人感到自己活在"虚无"中，那是一种从内心产生的空虚感。

在这样的境况里，其实，我们也能听到自己内心深处的呐喊：我想慢下来！我想放轻松！可你的身体，却像个不听使唤的陀螺，还是在飞速运转着，你明知自己不快乐，却走不出惯性的怪圈。

那么，怎么找回快乐，让自己感觉幸福呢？以下几个方法，或许对你有用。

01 感恩，体会别人的善意

下班回来的路上，有一处在维修，因为是单行道，我们不得不停下来，要等到左线上没有来车，才能伺机快速开过去。可正是下班高峰的时候，左边的车子一辆接一辆，呼啸着从旁边疾驶而过，我在心里暗暗叫苦，看来今天得等很久了。

可没一会儿，左边的车竟然减速停下，闪了下前灯示意我可以先行。感动着，我手忙脚乱地挂挡起步，连连跟对面的司机挥手致谢，他轻描淡写地举手作答，脸上带着浅浅的微笑。那一路，我都被他的微笑美好着。

其实，他也就迟个一两分钟到家，但他小小的举动，却让我们一排等着的人心生温暖。生命里，有很多被我们浪费掉的时光，何不像这位司机一样，偶尔把小时光“浪费”在充满善意的小事上呢？

其实，我们也并没有自己想象的那么忙。等一等，互相让一让，不给别人压力，这个世界就平和很多、温柔很多。

突然想起一句歌词：“如果人人都献出一点爱，世界将变成美好的人间。”

我在刚学会开车的时候，曾开车去学校。因为太迟，路边只有一两个逼仄的停车位空着，那可真是考验我技术的时候。打了好几把，还是没能停进去，看着后面一溜等着的车子，我紧张得出了汗，生怕他们按喇叭催促我，那样越着急，一定越是停不好。

所幸大家都很有耐心，他们静静地停在后面。我一边停车一边心里嘀咕：“估计都在饶有兴趣地看我方向盘左打右打，怎么也进不去的窘态吧。”等我终于歪歪斜斜地停好，红着脸跟他们打招呼，用口型说着“sorry”的时候，后面几辆车的司机，都报以理解的微笑。

那一刻，我从他们的微笑里，看到了平和、宽容和善良，暖意萦怀，感恩他们的耐心。每每别人问我欧洲有什么好的时候，我就想到了这些小细节。

也许对于他们，这只是平常自然的行为，但我从中感受到了温暖美好的正能量。其实，生活中有许多善意，只要我们带着一颗感恩的心，细心去体会，往往无意中就提高了自己的幸福感。

02 发掘身边的“小确幸”

欧洲的天儿，像孩子的脸，说变就变。早上还是艳阳高照，下午就有可能下冰雹。朋友说，一天里经历一年四季的气候，不是夸张。真的会有那种日子，所以，我总不敢奢望好天气。

每次周末或休假，若是碰上艳阳天，我总是觉得特别开心，幸福感爆棚。还有雨后初晴，空气格外清新，这样的日子里，穿上美美的衣服，搭配上平时不怎么穿的高跟鞋，戴上应景的小饰品，感觉无论是逛街还是聚会，都有满满的街拍范儿。

先生常常说，我是见到太阳就疯狂的主儿，天气晴好，连跟他吵架的频率都降低了。我就是这么容易满足，阳光就能让我开心起来。

生病去医院，我也没有顾影自怜，反而因为自己有爱人陪着，感觉十分欣慰和幸福。都说傻人有傻福，有时候，我真的觉得，有点傻乎乎的，并没有什么不好。

某天逛街的时候，在一个小店里，发现了一只小狐狸吊坠。细长的眼睛微微闭着，蓬松的尾巴卷曲着，贴在后背上，那安然的神态，让我怦然心动。我觉得，它就是我心中，《小王子》里面那只狐狸的样子。于是买回家，如获至宝，置于案头，每每看到它，顿觉心都温柔了下来。

我不是个心灵手巧之人，好多吃食，自己并不会做。住在附近的朋友，谁做了什么好吃的，总想着给我一份，于是，我这个最愚笨的人，元宵节有汤圆，端午节有粽子，中秋节有月饼，且都不是拿钱可以买到的那种，都是我的朋友们，亲手做的限量版。

爱人和朋友，邻居和不相识的路人，他们总是给我们的生活，带来许多意料之外的惊喜。其实，我们所谓的幸福，更多的，就是身旁的这些“小确幸”，用心去感悟，生活其实并不糟糕，用心去体味，甚至会觉得空气里都带着甜味儿。

03　不定期送自己礼物

事业的低迷期，或是心情不好的时候，可以经常给自己买个小礼物。并不需要多贵重，因为，买了太贵的东西，接下来可能一个季度都不能再花钱了；大礼，半年买一件就差不多了，毕竟，我们也是要理性消费的。

买什么，当然是投自己所好啦。女人们总是喜欢衣服、鞋子、包包，我也不能免俗。换季的时候，看看今年仍在流行的小白鞋，找找引领时尚潮流的踩脚裤，拿出选妃子的劲头，最终挑选出物美价廉的两三件儿，带回家去，心情会为此至少靓丽一个月。

手链、项链这些东西，也是可人的小精灵，分分钟能让心情美丽起来。没事就给自己的潘多拉配一个珠子，一年配齐一串，并没有花太多钱，但你的小幸福，却几乎持续了一年之久。

其实，物质带来的满足，往往不能持久，所以我们需要常换常新。下面的这条，才是比较关键的。

04 用爱好来填满自己的空闲时间

幸福大萧条，最主要的，是感到空虚、看不到希望。最好的解决方法，是你有一两个健康的爱好，除去努力工作的时间，你的业余都被有意义、感兴趣的事情占满，自然就没时间伤春悲秋了。

有人问我，怎么才知道自己的爱好是什么呢？

其实很简单。在纸上写出十种你想做的事，然后通过比较，把不太喜欢的一一划去，留下五种，你基本就可以开始体验了。认真去做这五种事情，能坚持半年的，就是你的爱好了。

比如，我曾经以为我喜欢画画、唱歌、跳舞、养小动物……去尝试了才知道，画画我完全没有艺术天分，只是堆砌颜料；唱歌跑调到每首歌都是改编；自从舞蹈老师让我们对着镜子跳过一次舞之后，我就再也没脸去了；养小动物我又受不了生离死别。

能让我坚持下来的，也就是读书写作、瑜伽、徒步和美食了。美食能坚持下来，自然是因为我太爱吃；徒步，是先生的爱好，我也算爱屋及乌；瑜伽，一开始是因为天天坐太久，不得已而坚持下来的；所以我真正的爱好，就算读书写作了。

我的大部分空余时间，也都花在了这上面，且乐此不疲。每次看完有心得的书，写出一篇自己满意的文，那种小小的成就感，是做其他事情时体验不到的。

幸福从来就不是奢侈品，也不是必须在个人及社会问题都解决之后才能追求的东西，提升幸福感不仅能改善个人的生活质量，也能让世界成为一个更和平、更美好的地方。

让自己的内心充实起来吧，善于体会，懂得感恩，能时常发现身边的“小确幸”。你会发现，时光悠游，生活无比美好。

只靠物质，我们并不能真正地幸福起来。古人云：“君子使物，不为物使。”我们可以恰当地利用外界的物质，却不能被外界的物质所牵制。如果被外界的物质所牵制，有了还想再有，多了还想再多，欲望无穷尽，随之而来的也会有无尽的痛苦。

快乐源于简单，幸福源于自心，但归根结底，快乐和幸福都是自己给的。没有一颗豁达乐观的心，即便走遍全世界，你也依然走不出自己的烦恼圈。

【13】会做饭的女子，都过得很幸福

司马迁说：“民以食为天。”可见，“吃”这件事是大事，是“天大”的事。《孟子》里，告子有云：“食、色，性也。”说明饮食之事、男女之情，是人生两件不可或缺的事情。

我观察过几个朋友，凡是女主人会做饭会持家的，都过得其乐融融，夫妻相亲相爱。

我的朋友 Linda，喜欢烘焙，中餐西餐都做得精致味美，引得她老公偶尔也想露两手。很多人家，一到做饭的点儿就愁吃什么，他们俩呢，早早地就商量好了今天谁主厨、做中餐还是西餐。

厨房里面，一个忙碌一个打下手，我们说他俩是在秀恩爱，其实，这就是他们家的日常。到了端午或是中秋，Linda 自己包了粽子、烤

了月饼，给附近的小伙伴分几个，我们浓浓的思乡情，也就有了寄托。也因为这个，Linda 的人缘特别好。有两个小伙伴，吵着要当她的徒弟，去她家学厨艺。群里也经常晒各自的烹饪成品，既愉悦了感官，也给了其他小伙伴做菜的动力和灵感。

另一个朋友，比老公大了十几岁。我们都有些担心，随着年龄的增长，两个人的感情会不会出现问题。但直至目前，两个人依然恩爱有加。原来，女主人烧得一手好菜，随便一碗牛肉面，就能吃出大厨的味道来。她做的小笼包、花卷儿、葱油饼，比外面买的，味道要好一百倍。

我们开她玩笑，说她是用美食俘获了老公的胃，她笑着说道："张爱玲说过，通往男人心里的路，要通过胃。我也觉得确实是这样，我老妈其貌不扬，我老爸可是虎背熊腰的军官，但他一辈子，最恋家了，在外面没吃几顿饭，就会想尽办法推辞，说还是家里随便炒个菜吃得舒服。我妈靠的是什么？就是她每一道菜，都色香味俱全。"

八年前，我完全不这样认为，那时候的我，最讨厌的，就是满手油腻和厨房里的油烟味儿。对于那种一日三餐变着花样，把老公和孩子伺候着吃得心满意足的女人，我打心眼儿里觉得她胸无大志。我以为，上等的女人，就应该琴棋书画，围着锅台转的女人，就是一个字：俗。

我老家的对门，住着江大哥一家。江大哥是做茶叶生意的，经常走南闯北，见过世面。他的发型，常常是一丝不乱的；他的胡子，总是刮得干干净净；西装革履的他，看起来像个大干部。

可是他的妻子，却是一个足不出户不识字的女人，小时候我念书回来，总看见她坐在门口择菜，或是浆洗被子。我去她家，她不是在厨房忙碌，就是在打扫卫生，我曾经问她："你每天的轨迹，就是从菜市场到家里，不觉得无聊吗？"

她摇头说道："我习惯啦。孩子放学要吃饭，你江大哥只要回家来，我就要另外准备个汤，他每顿饭都得有肉，还要有汤，把家打理好，就是我的工作……"她说得知足而幸福，完全不像我想象中，会牢骚满腹。

"我以后才不要天天做饭呢，我讨厌厨房。"我说，心里想着她是胸无点墨、不得已才做家庭主妇的。

那时候，我还不懂，一个能够专心煮菜做饭的女人，一定是内心平和、热爱生活的人。她们一生的"事业"，也许只是经营一个温馨的家，在别人眼里，这算不得什么惊天动地的大事，但于她们，却是一生的小幸福。

和前任在一起的时候，我仍然坚持"君子远庖厨"的理念。反正他做得一手好菜，他不回来的日子，我就去外面吃。

日子久了，他嫌弃我作为一个女人，却不会做饭。我反唇相讥：你作为一个男人，却不会挣钱。我们渐行渐远渐无书，最终各奔东西。

当然，造成我们劳燕分飞的，远不止是这些原因，但我不会做饭，绝对是原因之一。

我第一次来白先生这儿，他的厨房里，只有做西餐用的一些餐具。我从菜刀、砧板开始置办，从大米、花生油到料酒、八角，没到一个月，厨房就被我霸占下来。

我突然就不讨厌做饭了，还会在做饭的时候哼着歌儿。人，真的是善变的动物，原来连一切的喜欢和讨厌都是相对的，遇到了你愿意为他洗手做羹汤的人，油腻和烟尘，也都可以忽略不计。

现在，很多家庭里都有保姆，那是不是意味着，做饭的技能就不重要了呢？其实不是。民国时期的那些才女，除个别以外，哪一个不是可以衣来伸手饭来张口，但是，每当家里有重要客人到来的时候，她们往往挽起袖管，亲自下厨，以显示对客人的尊重。

会做饭的女子，往往也会收拾家里，因为，做饭和收拾屋子一样，都是需要用心、用爱去完成的事情。

在小说《小姨多鹤》里面，严歌苓细腻地描写了多鹤的习惯：她每天都把房间打扫得一尘不染，督促家里人每天要换袜子。男主人公张俭本来对多鹤的勤劳没觉得什么，可在多鹤离开以后，家里变得特别脏乱，张俭突然觉得不适应，这才意识到多鹤对这个家有多重要，他对她有割不断的爱和情。

家，是一个需要用心经营的地方。家里的菜格外好吃，家里比五星级宾馆更温馨，是因为，有人在这里倾注了爱。

我们的记忆里，最好吃的菜，往往是妈妈做的。我常跟别人说，我最喜欢吃的，是妈妈做的猪肘肉焖面；她蒸的馒头又松又软，味道天下第一；她炒的青椒豆腐，也没有饭店可以做出那种味道。

小时候我们吃下的，不仅仅是饭菜，更是宠爱。即便你现在去米其林餐厅，指名让某个给总统做过菜的大厨给你做出道菜来，也许，那味道也不如你最爱吃的那道妈妈菜。因为，那里面蕴含的爱，不再存在。

朋友小新有件抱憾终身的事："别人家孩子都说'我最喜欢吃妈妈做的菜了'。可是在我们家，我儿子看到他爸回来，就开心地说'今晚又有好吃的咯'。"小新说她最大的遗憾，就是不会做菜。

"从现在开始练呗，总会有一两道拿手的。"我建议她说。

她无奈地说道："不行了，已经迟了。小家伙已经形成了这个观念：爸爸做的菜比妈妈做的好吃。记得有一天我说给他炖个汤，他居然说‘你算了吧，还是等我爸回来炖吧，你炖的汤，火候根本到不了……’你说气不气人。”

有个会做饭的老公是福气，但是，作为女人，我们也还是要会一些。因为，即使你的生活是琴棋书画诗酒花，其中也少不了柴米油盐酱醋茶。

愿你能陪他立黄昏，也能体贴地问他粥可温。

【14】我们的灵魂，也需要被富养

那天跟朋友一起逛街，走到转角的地方，看到一个满脸络腮胡子的流浪汉，蹲在角落里，面前摆着一个装有零钱的礼帽。他神态自若，似乎周围的喧嚣都不存在，手里兀自拿着一本书，看得沉浸了进去。

西欧流浪汉很少，大部分都是所谓的“行为艺术”，而看书的流浪汉，更是稀奇。走了好远一段，我的目光还好奇地停留在他身上，朋友拽了我一下，问我看什么呢。我索性停下脚步，对朋友说：“你看他，真是不以物喜、不以己悲啊。穷到要钱的地步，但又有什么，他的思想依然丰富。”

我走过去，往他的礼帽里扔了硬币，他抬头看我，微微颔首，注意力很快又回到了书上。融融的阳光，小小的街角，突然觉得他的生活也没那么悲哀。读书，或许就是这个流浪汉所有的快乐吧。

据说，英国著名历史学家麦考莱曾给一个小女孩写信，信上说：

如果有人要我当最伟大的国王，一辈子住在宫殿里，有花园、佳肴、美酒、大马车、华丽的衣服和成百的仆人，条件是不允许我读书，那么我绝不当国王。我宁愿做一个穷人，住在藏书很多的阁楼里，也不愿当一个不能读书的国王。

这世上，就是有些人嗜书如命。他们或者是饱学之士，或者像麦考莱一样功成名就，亦或者，只是做一个默默无闻的精神富翁，一辈子活得充实而又坦然。

毕淑敏曾在一本书中写道：好书对于女人，是家乡的一方绿色水土。离了它，你自然也能活，但与书隔绝的日子，心无家园，半生过下来，女人就变得言语空虚、眼神恍惚、心底狭窄、见识短浅了。

好友安然是个喜欢读书的姑娘，勤于阅读的她，写的心情笔记，都跟别人不一样。“听着歌儿遛弯儿，路过常买花的店，桔梗和百合开得特别好，粉嫩或淡绿的桔梗，一簇簇团拢在花瓶中，玉白的百合，清香扑鼻。卖花的老板穿了一件大红的棉衣，整个人风情万种，整个花店也都被她一团火红映得分外喜庆。”

又或者是这样的：“街边老烟店的夫妻开始收摊了，坡脚的丈夫把烟一包包地捡进背篓里，银发满头的妻子坐在椅子上，看着他收拾烟摊，偶尔两个人说几句话。”每次读着她的文字，我都被她的“小确幸”打动，一个喜欢文字的姑娘，她的内心更丰盈、更细腻、更温柔多情。她们向往诗和远方，于是就把当下过出情调、过出韵味来。

爱阅读的女孩，她们之所以沉静简单，因为她们的精神是富有的。一味追求物质，靠买买买来给自己安全感的人，往往显得浮躁不安。

董卿曾在接受采访的时候说：在她生命里难挨的那段岁月里，是书籍给了她力量。尤其是莫泊桑的一段话，真正地激励到她。

“生活永远不可能像我们想象的那样好，但也不会像我们想象的那样糟糕。无论是好的时候，还是糟糕的时候，都一定要坚强，人面对坚强和脆弱时的能力，其实会远远超乎自己的想象。”

阅读，就是这样。有时候不经意的一个故事，甚至短短一句话，就能影响到你一生。真的，可以影响这么久。

当然不只是女人。不论男女，不管贫富，你读过的书，都会像你吃过的食物一样，营养被你吸收之后，内化成你的气质、你的谈吐和你的胸襟。

爱读书的人，说读书是最幸福的事。他们说，如果有天堂，一定是书房的模样。

我不知道自己算不算爱读书的人，只是如果能在某个清晨，泡上一杯热茶，翻开书页，静静地坐上一到两个小时，那一整天的心情都格外舒爽。我读书的时候，尤其不喜欢被打扰，即使听到手机有消息进来的声音，也懒得管它，那一刻，我只想做一个隐居者，唯我、唯书，物我两忘。

古人说“万般皆下品，唯有读书高”，虽然这一说法，是为激励年轻人考取功名、赚取俸禄，有它腐朽落后的一面，但我们也不得不承认，这种思想也确实促进了中华文明的发展。两河流域的苏美尔文明，古埃及和古印度文明，都比我们中华文明更早，但是，却因为疏于记载，或者由于断层的记载方式，让人们对那些文明无法考证，实在是可惜得很。

读书，是门槛最低的高贵。拜师学艺，你得交学费；求人办事，你得卑躬屈膝、好话说尽；而从书里获得知识，你不需要对任何人巴结逢迎。借书，也不像借钱一样，让你张不开口，图书馆遍及各个城市的角落，一张卡片，就能把你需要的知识拎回家。

我在北京读书的时候，眼馋北大图书馆里丰富的藏书，跟好友一起办了卡，每逢周末，便去挑一些经典稀奇的读本，坐公车回学校的时候，拎着一口袋书，虽然胸中只有点墨，却十分骄傲自豪，总觉得自己将来，必定能满腹诗书。

书籍，能给人向上的力量，多读书，你的自信不自觉地就会满溢出来。如今，走南闯北，不管遇到什么人物，我都能不卑不亢、言谈中肯，个人觉得，与我当年埋头苦读是分不开的。

杨绛先生曾经说过：读书好比“隐身”地串门，要参见钦佩的老师或拜谒有名的学者，不必事前打招呼求见，也不必怕搅扰主人，翻开书面就闯进大门，翻开几页就登堂入室，而且可以经常去、时刻去，如果不得要领，还可以不辞而别，或另请高明，和它对质。

余秋雨在台湾演讲时说：“阅读的最大理由是摆脱平庸。平庸者什么也不缺少，只是无感于外部世界的精彩、人类历史的厚重、生命含义的丰富。而他们失去的这一切，光凭一个人有限的人生经历是无法获得的。只有书籍，能把辽阔的空间和漫长的时间浇灌给你，能把无数的智慧和美好对比着愚昧和丑陋一起呈现给你。区区五尺之躯，短短几十年光阴，居然能驰骋古今、经天纬地，这种奇迹的产生，至少有一半要归功于阅读。”

对于这句话，我简直不能同意更多。中国几千年的文明，我们怎么才能取其精华，将优秀的文明传承下去？唯有多读书。

莫让自己因为不阅读而像黄庭坚说的，变成“言语乏味面目可憎”之人。一起阅读吧，案头放一卷书，闲来冲一壶茶，与家人一起做精神的富翁吧，我们的灵魂也真的需要被滋养。

“胸中元自有丘壑，盏里何妨对圣贤。”书读多了，你待人接物的态度自然有改变。你的朋友，也必定是些精神富有的人。

【15】你根本不知道，你有多富有

前几天，家里热水器坏了，赶上周末，找不到人修理。那天头发油腻，头皮感觉像是被塑料袋裹住一样，没法呼吸。

习惯了洗个热水澡以后，头发吹得热乎乎的，躺在床上，读一会儿书，然后美美地进入梦乡。而那天，翻来覆去勉强睡着，总觉得睡得不够舒服。

第二天，热水器神奇地自己修复了，我迫不及待，任热水浸润头发，流过每一寸肌肤。看着洗发液四散的泡沫，好像它们也在唱着欢歌，我享受着水流轻柔的触摸，感受着它无言的温情。

“能洗一个热水澡，是多么幸福的事！”我的意识里，这句话呼之欲出。可转念一想，洗个热水澡，不是我每天都可以做的事吗？

人就是这样，我们一直拥有的，就觉得是理所当然，就像熟悉的地方无风景一样，拥有一样东西久了，我们就会忽视它的存在，直到失去的时候，才发现，原来我们一直很富有，一直很幸福。

我们家楼下，住着一对老夫妻。男人年轻时是海员，在家的日子少，漂在外面的时候多，妻子一辈子做全职主妇，也不太喜欢社交，总是窝在家里，养花种草，等着男人回家。

终于等到男人退休，两个人可以天天待在一起了，可日子，却并没有想象中的好。男人习惯了四处漂泊，不喜欢长居久安；女人习惯了整洁安静，看不惯男人常常聚会、啤酒瓶摆得满地都是。

两个人就这样磕磕碰碰，过了几年，都觉得生活还不如年轻时的聚少离多。可是，在某个春天，妻子突发心脏病，差点儿与世长辞，后来做了支架手术，性命是保下来了，可是却不能操劳，不能剧烈运动。

现在，男人带着妻子，像候鸟迁徙一样，每年的9月底，就去了西班牙，来年的3月底再回荷兰。

“她心脏手术之后，体质差多了，怕冷，西班牙的气候比较适合她。”男人说。趁妻子不在身边，他又补充道，“她大难不死，我才意识到，我有多在乎她。她是那个，愿意一辈子等着我的人，她是我太太，年轻时我却没有多陪她，等到老了在一起了，我还对她挑三拣四，嫌日子太过于风平浪静。我就是作，不知道我拥有着的，是多么宝贵的东西。”

男人现在，不再聚会，不再狂饮，整天陪着妻子。觉得有她在，他的世界才是完整的。

情人节那天，我打开朋友圈，看到好几个朋友晒出了男朋友送的礼物。第一个女孩配的文字，很让我感动：“认识他三年，终于从一个直男程序员进化成正常人类了。这个情人节，终于收到他送的玫瑰、巧克力了。今天他加班，回来得很晚，但还是绕路去了商场。”

我正要给她点赞，却发现，她删了这条朋友圈。

我私信过去，问她咋删了？她发过来一串省略号，然后说：“你看看她们几个男朋友送的礼物，都那么高大上。我这就是玫瑰、巧克力，还秀什么秀。”

她说的“她们几个”，也是我们平时交往较多的一个圈子里的女生，我往下翻了翻，有送潘多拉手链带好几个金珠子的，有送各种轻奢包包、大牌围巾的。有个女生，收到价值四千块的钱包，文字是这样写的：“哼，我想要的是新出的小双肩，结果就给我买个钱包。不过还不错啦，总比没有礼物好。”

确实，看了她们的礼物，一般人都会有那么一瞬间的失落。谁不希望被宠爱？谁不喜欢收到贵重的礼物？何况现在新兴的观念，就是“女孩子，一切都要最好的”“你给男朋友省钱，是想留给下一任花吗？”这一类。

但是，谁知道她们的男朋友，在买这些礼物的时候，是不是迫不得已的呢？这些收到贵重礼物的女生，就不用回赠同等价值的礼物吗？

我跟她说，一个直男，能为了你改变，肯花些小心思来讨好女友，难道不是最宝贵的？你拥有的，正是别人羡慕着的。四百块的巧克力和四千块的钱包，还真不能说，前者就比后者爱得少一点。

我们不能因为礼物的价格，而忽视了礼物的价值。

西方人送礼物，并不计较价格，他们一般选择你用得上或是美好的东西，比如鲜花、红酒、小盆栽或是家居饰品。就连收到一张贺卡，我都很开心：世界那么大，人与人的交往错综复杂，可是，他记住了我，在圣诞节的时候，给我寄卡片送祝福，且写对了我的名字，我就很感激了。

对于夫妻或情侣之间，我一直主张，奢侈的自用物品，还是自己买比较好，至于各种节日礼物，别出心裁一点就好。比如我喜欢看国家地理节目，先生会买一整套的碟片给我，花钱不多，却投我所好。其实，相对于价格，我更在意他的用心。

我们总喜欢叹息自己的各种不如意。殊不知，拥有健康、有一份可以维持生计的工作、一个和美的家庭、粗茶淡饭保平安的生活，我们就很富有了。

其实，从某种意义上来说，我们都是富翁。因为我们有来自父母的保护、另一半的珍爱、子女的依赖，还有来自同事朋友的关心。珍惜我们拥有的吧，不要等到失去的时候，才明白过来。

【16】生活，其实是因为简单而幸福

刚来欧洲的时候，没有工作，那时候的我和另外两个中国女孩，会约在某一个晴日里去 Hasselt 市中心的咖啡吧，花三块钱来一份 DagMenu，就是一碗汤加几片面包。现在想想，那是在这边能吃到的最经济的午餐吧，可是那时候，开心得不得了。阳光暖暖地照着，我们戴上大黑超，说着私密的体己话儿，不用担心别人会听懂；帅气的服务员燕子般地穿行于藤椅之间，服务时带着比阳光还暖的笑容。偶尔奢侈一下，我们会去像 Blue Olive 这样的小餐厅，光听名字就浪漫到不行，里面的音乐和灯光营造的氛围也是一流的，当然我们一般只点 Pasta 这样比较便宜的餐，算下来人均也就十几欧元。

阳光、朋友、交心。幸福，有时候并不需要花很多钱。

后来工作了，有能力去吃大餐、偶尔买个名牌了，但是我很少愿意花每人五十欧去吃一顿西餐。因为对我而言，吃西餐，“享用”的只是品位和服务，并不是真正味蕾的满足。如果是正宗的湘菜，多少钱我也不觉得贵，所以，那种特别高档的西餐厅，很少能赚到我的钱，除非是在特殊的日子。

对于名牌，我也只是偶尔满足一下虚荣心。穷人家的孩子，原来只听过、没看过用过的一些大牌子，在自己有能力支付的时候，会想要尝试一下，我也是这样，但我不迷恋牌子，试过拥有过就行。其实，适合自己的才是最好的。

物质生活于我，就是这样，偶尔奢侈一下，大多时候，简简单单，能把自己喜欢的小物件买回家就很开心。

我喜欢逛旧货市场，当然不会去那儿买二手的衣服鞋子，而是去淘一些院子里的彩雕、古董似的花盆之类。有时候一个精致漂亮

的撒尿童子，只要几欧就可以买到，那种淘到心仪宝贝的心情，可以让我美一整天。

我没有需要定做的爱马仕包包，没有限量版的Prada手袋，没有适合收藏的各色香奈儿围巾，但是我很满足。因为那些东西我不需要，我不是生活在上流社会，没有晚宴需要参加，不会怕在晚宴上被手提各色名牌的名媛们看低。

其实生活，就是因为简单而幸福。

霖妹妹常常说，好羡慕你的小日子，过得那么滋润。

我说，幸福是个心态问题，如果你来过我现在的生活，你可能不会觉得幸福。比如我喜欢码字，可刚工作那几年，忙到完全没有时间写东西；异国他乡，找不到喜欢的工作；生病的时候，没人给煲个汤，有的只是：我给你烤面包吧！

但是我心态好，没时间码字，有时间亲近大自然也就开心了；找不到喜欢的工作，有工作就好了；没汤喝，有面包吃总比没人在身边好。所以，我还是乐呵呵的，对生活歇斯底里地热爱着。

多想想我们拥有的吧，像尊重、自由、新鲜的空气……别再去计较那些鸡毛蒜皮的小事啦。

学会变通，不要固执于一点一事。有一个和你一起牵手散步的人，他陪你做你想做的事，记住你说过的话，在乎你的想法和意见，这就够了。

也许他送不起豪车，买不起豪宅。但是幸福，是在一起的分分秒秒，是你的每一个小小愿望，都有人帮你实现。

我说想要一个大的盆栽，晚上回来就见客厅里有棵发财树；我说想要去逛街，下一个小时，我们就出现在购物中心；我说想去巴黎度个周末，然后就收到旅行社已经订好的行程。

【17】你并不是穷忙族

朋友圈里，一个老友发了一段话，配着一个无奈的表情包：“一年又一年，时光从指间流逝，增长的只有年龄。一天又一天，忙忙又碌碌，却没有任何收获。”

我问她怎么发此感慨，她说：“又是一年过去，银行卡上的数字，只增加了万把块。辛辛苦苦一年，除了吃的花的用的，没攒下来什么，感觉自己就是瞎忙，又虚度了一年。”她叹气。

不知道从什么时候开始，人们衡量成功的方式，变成了存款的位数、房子的套数。如果哪一年挣了大钱买了房，就是有收获的一年，否则，就是被虚度的一年、是毫无成就的一年。

可是，人生哪有那么多的大事。结婚生子，升职加薪，买车买房，或许算是大事吧。但大部分的时光，都是平淡的生活、简简单单的日子。

“这一年，你有没有去什么地方旅游？”我问老友。

“一家人去了一趟北京，爬了长城，逛了天坛，去看了我一直梦寐以求要去看的天安门。”她说。

“孩子有没有长高几厘米？”我又问。

“孩子的个儿倒是噌噌地长。”说到孩子，她很是欣慰。

“房贷是不是还掉了一些？”

她笑了：“你这么一问，似乎我这一年也还不错。”

“可不。咱们工作大都是为了生活，你们辛苦工作，一家人衣食无忧，还能一起去旅游，见识见识外面的世界。这一年，全家健康平安，一起享受了生活的乐趣，还有什么不知足的呢？”我说。

你看，有些觉得自己是穷忙族的人，其实这一年过得并不差。孩子在长大、心智在成熟、满足了自己的小小愿望、给了另一半温情的陪护，这一切，难道不比卡上的那串数字更重要、更温馨？

赚钱，是为了生活，握在手里舍不得花的钞票，就是一堆废纸，请不要用钱攒的多少来衡量你这一年的成败。与父母子女一起的天伦之乐、与伴侣的浪漫周末、送给自己的一份礼物……这些都是美好而有意义的。

如果按照存款多少来衡量这一年，那我也是瞎忙族。这一年里，我先是赋闲在家，然后做了几个月兼职，加上换了辆车，攒钱自然是不可能的事。

但这一年，我自觉收获颇丰。写文认识了很多志同道合的好友，看着自己的文字被各大号转载，又在年末拿到自己的第一本书。

我确实也是一直在忙，忙到不想度假，不想聚会，一天没写点什么，就特别有罪恶感。我不停地读书写文，甚至在做饭的时候、冲凉的时候，也在构思着下一篇的框架。跟有为的大作家们比起来，我真是瞎忙：为了写点并没有多少价值的东西，已经快没有了自己的生活。

但是，于我自己来说，这一年，我超越了过去的自己，做了自己一直想做而没有去尝试的事情，个人觉得十分值得。

所以，逝去的时间是否有收获，取决于你看重什么。个人的成长或是价值的实现，经验的获取或是财富的积累，见识的拓宽或是极限的挑战，无一不是有意义的事情。

所有的时光，我们无法明确地判断，哪一段没有被辜负和浪费。在当时的情境下，做你应该做的和最想做的，就是对的。多年之后，当我们从记忆里，将某一段拎出，拍拍上面沉积的灰尘，感叹它是最美好的一段，那个时候，我们才知道它的意义。

没有存款，没有取得阶段性的成功，并不一定是穷忙族。

穷忙族这个词，来源于英文“working poor”。真正的穷忙族，是每天忙忙碌碌疲于奔命，却完全没有时间做自己喜欢的事的人，或是把大量时间用于工作，却为了填补空虚生活，而不得不连续消费，之后继续投入忙碌的工作的人，他们通常在消费过后又重返空虚。

所以，即使是穷人，只要你有自己的爱好，并经常在自己的爱好上花精力；或是你能合理安排你的空闲时间，用来陪家人、健身、休闲、娱乐，那你就不属于这个族群。

相反，很多小白领，却是名副其实的穷忙族。他们赚得多，可是支出也多，大量的收入用于购买名牌享受生活，月光以后，为了满足自己买买买的欲望，不得不继续忙忙碌碌。陷入这样一个怪圈以后根本停不下来：由俭入奢易，由奢入俭难。

只要你有一定的规划，对未来有信心，能看到希望，那就不要简单地把自己归纳为穷忙族。相信你是潜力股，现在的穷和忙，是你最终过上幸福生活的必经阶段。

当然，如果你每天忙着刷微博、回微信、看朋友圈，大块的时间被你碎片化。早上起床信誓旦旦要完成的事，等到太阳落山，还没开始着手做，到了晚上本该休息的时间，你却开始焦虑……

若是如此，日复一日，那你很大程度上会成为穷忙族一员。因为你效率低下，看起来整日忙碌，最终的成果却不及别人的一半。

做好计划，严格按照进度执行，拿出小块时间完成不太重要又必须要做的事，把整片时间用来做最重要的事。养成这样的习惯，你不会太忙，也不会太穷。

新的一年开始了，自检一下你是不是穷忙族？有则改之，无则加勉。新年里，让我们好好规划一下自己的时间吧，放慢节拍，劳逸结合，让你的脚步，等一等你的灵魂。

不急功近利，才能专注。不争先恐后，才能从容。

【18】生活那么美好，我不要哭着过

朋友圈里这几天疯传一段话，大意是：没钱，失恋了，只能在路边啃着鸡爪子哭；有钱的姑娘失恋了，可以在巴黎哭，在伦敦哭，在纽约哭。

说这段话的人，大概是想给年轻姑娘灌点鸡汤：你要努力赚钱！有钱你就是女王！

哑然失笑。在哪儿哭不是哭？在巴黎埃菲尔铁塔上哭、在伦敦大本钟前哭、在纽约时代广场边哭，就比在中国的路边哭要雅致吗？我不这样认为。

失恋难免伤心，大哭一场也是可以理解的。关起门来，怎么悲痛欲绝，怎么呼天抢地，都不过分。但是，哭完以后，擦干眼泪，拉开门走出去，外面的阳光还是那么灿烂。

哭，是对一段感情的祭奠。遇到过、珍惜过，如今缘尽于此，一切已成过去，无法挽回。感情的事儿，无法强求，在黑暗里抱住自己，或是找好朋友倾诉一番、大醉一场、歇斯底里地 K 一夜歌，然后就勇敢地翻篇吧。

离了谁都可以活，甚至可以更精彩地活！比有钱更重要的，是

有这样的自信。否则，即使你再有钱，你走遍世界各地，你的心里，还是黑云压城的悲伤。

我们没必要为抛弃自己的人哭哭啼啼，他既然已经走出了我们的生活，就没必要再给他留一席之地。挥起慧剑斩心魔，绝不藕断丝连。

爱的时候，倾尽深情去爱；分，就分得干干净净。生命那么美，为什么要哭着过？

我在学车的时候，认识了春儿，她是一个时尚清新的南方姑娘，彼时还单身一人。我们曾一起煮火锅，一起踏青郊游看樱花，后来我来了欧洲，我们联系得就很少了。某天，她突然给我发来几百字的信息，说她现在生不如死，终日以泪洗面。

电话打过去，她那边刚接起，就嘤嘤地抽泣起来。春儿说她后来爱上了一个老男人，是死心塌地的那种爱，他们很快也结婚了，还很快就生了孩子。中间因为老男人与前妻之间的暧昧关系，两个人曾大吵一架，于是感情开始滑坡，期间又发生过很多鸡毛蒜皮的事儿。如今，老男人已经拟好了离婚协议书，春儿也觉得这段婚姻迟早会走到尽头，但她就是不愿意签字离婚。

她终日以泪洗面，悔恨自己看错了人。她没想到自己放弃一众追求者，委身的这个老男人，竟要和自己离婚。

她说她已经不再爱他了，现在对他的感情，更多的是恨和怨，可是，又不甘心就这样离婚。

我明白，她不甘心的，应是自己在最美好的年龄，因为爱，把自己的未来毫不保留地交到他的手里，他竟然不珍惜。她一定是想：我不嫌弃你当初离异，下嫁于你，如今，提出离婚的竟然是你。

可是，当初的选择是自己做的，如今后悔有什么用？不甘心，又有什么用？难道要因为自己的错误、别人的过失，惩罚自己一辈子不幸福？

时间不能倒流，历史不能重演。觉得他浪费了自己的青春，这种想法实在是愚蠢，毕竟彼此爱过，一定会有很多美好的回忆。何况，今后的每一天，也都是自己最年轻的一天了啊。

在一段感情里哭泣，这一定不是正确的感情。趁还来得及，趁一切还不晚，早点从不快乐的婚姻中解脱出来吧。分手要趁早，离婚也要趁早。

其实，在你纠结痛苦的时候，你有没有想过，你浪费了多少美好的时光？还有多少美丽的海滩，没有留下你的脚印？又有多少次美丽的日出日落，你失去了欣赏的心情？樱花开了又谢，燕子去了又回，陪伴你的，却只有眼泪。

“如果我是你，既然他已经铁了心，既然感情已不再，不如速战速决，放彼此一条生路。”“生命那么短，世界那么大，阳光那么美，哪有时间为一个不爱了的人哭？”

其实，我也曾遇到过让我哭的人，那段日子，看不到阳光的灿烂，闻不到百花的芬芳，日子是灰暗的，心情是压抑的。

我为他哭，他窃喜，以为吃定了我。可是，他高估了自己，没有任何人可以让我一直为他哭，更别说终日以泪洗面，因为，没人值得我牺牲自己的幸福去爱。

哭过几场，也就明白了，这个人终究不是我要找的那个，于是转身。虽然当时心碎了一地，但现在想起来，会很感谢当初勇敢抽身的自己。

真正爱你的人，怎么舍得让你哭。

我们每一个女人，都有追求幸福和美丽的权利，远离那个让你哭的人，是一种智慧。坐在宝马车里哭和坐在自行车上笑，如果必须选择其一，我会选择后者，因为，宝马车是可以靠自己挣来的，只要你足够努力，将来你可以开着自己的车，与那个让你笑的男人，一起漫看云卷云舒。而一个总是让你哭的男人，无论你多努力，或许也改变不了他。

选错了，就赶紧结束，及时止损吧。不要像我的朋友春儿那样，觉得自己已经投入了青春和感情，不甘心。因为我们不能因为不甘心，就把自己的将来也断送了。

要知道，最宝贵的东西是时间。世界那么大，生命那么短，哪有时间哭？我们还有很多美好的事情没有去经历，很多有意思的东西没有去尝试，一辈子怎么能这样哭着过？

生活是自己的，我们要把它紧握在自己手中，微笑从容地走过每一天，因为你嘴角上扬的样子，最好看。

【19】为了爱你的人，请照顾好你自己

后台有一个年轻姑娘给我留言，她说她很爱很爱她的男朋友，为他两次流产，可最终，两个人还是在情人节之后分了手。

我说，傻姑娘，没有人值得你伤害自己的身体去爱，既然最终会错过，他一定不是最在乎你的那个人。你的父母、将来会照顾你一辈子的那个他，才是最爱你的人，为了爱你的人，请你一定要照顾好自己。

我没敢跟她说，流产对身体的伤害有多严重。在我认识的朋友里，就有因为流产导致不孕的，还有流产造成子宫伤害，最后得了腺肌症，每次例假疼痛难忍不说，最后还生成肌瘤的。她还年轻，我不敢拿这些极端的病例吓唬她，给她造成心理负担，但是我有必要提醒她：再处男朋友，如果他不主动避孕，不为你的健康着想，那他一定不够爱你。

爱惜自己的身体，不仅是为自己的将来着想，也是为了爱我们的人。你忍心在你不惑之年，让花甲的父母去医院照顾你吗？你不介意五十岁刚刚知天命，就变成一个药罐子吗？健康是一切的基础，没有了健康，其他都失去了意义。

生病就像火灾一样，防范的作用大于补救，你爱惜不爱惜自己，身体是会做出反馈的。要养成规律的作息，注意饮食的均衡，用眼用脑要适当，积极参加锻炼……

讲起道理来，我们似乎都明白，但是，真正做到的，却少之又少。就像一句流行语所说的那样：“道理懂了那么多，却还是过不好这一生。”

上个周日早上，我洗完头发冲个凉，从洗澡间出来的时候，就觉得头晕发热，刚刚说了一句“我感觉自己要晕了”，就眼前一黑，没了知觉。我在家人着急的呼唤声中醒过来，前后只有大概一分钟的时间，但我觉得过了很久很久。

其实，身体是给我发了讯号的。几天之前，我就觉得眼睛干涩，看电脑屏幕稍微久一点，眼睛就酸痛，但是我并没有当回事，继续透支着我的体力精力。终于在某一个“点”，大脑发出指令，让心脏不再供血给某些器官……于是，我晕倒了。

去抽血化验的结果，是重度贫血。我心里十分清楚是怎么回事，最近一段时间，因为忙，补铁的药总是忘了吃，饮食也没有规律，锻炼也少了，本来我身体就不够壮实，稍微耽误下，就彻底跟不上节奏了。

我骂自己活该，看着先生担心的眼神，鞍前马后地伺候我吃喝，对他十分愧疚。病了，你才知道，最在乎你的人是谁。那些我平时忙着应付的人和事，跟自己的健康比起来，真有那么重要吗?

为了让关爱自己的人心安，我暗暗决定，以后务必照顾好自己。

去年6月29日，北京地铁6号线呼家楼站的站台上，年仅三十四岁的天涯论坛副主编金波突然晕倒失去意识，后经抢救无效死亡。同事称其工作很拼，经常熬夜，家中还有一对双胞胎女儿。去年5月18日，网易女编辑王雅珊肝癌去世，年仅二十八岁。累、加班、熬夜，曾是她生活的主题。

这样的例子不胜枚举。请大家都记着一句话：对于公司来说，没有人是代替不了的，缺了你也照样运转；但是你的家庭呢？没了你，爱你的人痛不欲生、天崩地裂。

除了健康，人身安全也是我们随时要特别注意的。每次出门骑车或是徒步，我都要求全家穿上鲜亮的衣服，晚间更是要穿上反光衣——不要指望开车的人能看见一切状况，且不说车子里是有盲点的，谁能保证驾驶员不想心思、不开小差?

尽自己最大努力，防止最坏的情况发生。小心无大错，生与死有时候就在我们的一念之间。

丽江游客被打事件、前几天北京10号线抢手机推人事件，都是十分危险的。丽江被打女子已经被毁容，如若再偏一点，很可能会失明甚至失去生命，而北京地铁被推出门的女子，如果不幸卡在门中间，而地铁开始运行，后果不堪设想。

但这些，其实也是可以避免的。丽江被打的女子，如果火气小一点，忍一忍，看对方已经喝了酒，不跟他们计较，或许就不会有这样的事情发生。地铁里的女子，如果对方拒绝扫码，不再执意劝说一定要对方扫码，估计那个十七岁的少年，也不至于恼羞成怒。

俗话说："识时务者为俊杰。"都不是什么民族存亡的大事，没必要只图一时之快去逞口舌之强。在这个浮躁的社会，脾气虚妄的人有很多，遇到一点就着的火暴性子，谁都控制不了之后的形势。

武汉面馆砍头事件，实在太血腥暴力，如果面馆老板不要咄咄逼人，说话注意分寸，也不会酿成杀身之祸。"忍一时风平浪静，退一步海阔天空"，我们永远都没有十足的把握去知道，站在我们对面的那个人是不是精神病。

也许你面临的，是一个早就不想活了的人，或者，他今天心情极度郁闷烦躁，不去激怒他，便是保护了我们自己。我们要好好活着，因为我们有爱自己的人。

对于爱你的人，你就是他的一切，他不要全世界，他只要你。"每天清晨我醒来，你和阳光都在"，就是他能想象到的最浪漫的事。

为了身边的亲人，我们一定要爱护身体珍惜生命。不要太工作狂，虽然要学着享受工作，但也尽量少加班。拥有一定的自由时间，并有一两个健康的爱好，少"以他人为中心"，多"以自己为中心"，不受别人情绪所左右，关注自己的内心，用愉悦的心情去对待周围的人和事。

请照顾好自己，为了爱你的人。世界上最远的距离，就是生离死别，只要身体健康，只要活着，其他的也都没什么大不了。

第三辑

怎样选择伴侣，才会幸福

【1】世间只有一种男人不会出轨

昨天跟闺蜜聊天，聊到哪个星座的人比较容易出轨。我淡淡一笑说：“不靠谱的，哪个星座都有花心的，也有不花心的；同一个人，也会曾经花心后来变得安分守己。比如说小姚。”

小姚是我们圈子里公认的花心男，他自己也承认，他睡过的从女孩到女人，已经多到数不过来。我们这些了解他的人，自然是一边鄙视他，一边劝他早点改邪归正，但他总是满不在乎地说：“没办法，我就是这样的性格，长情不了。再说花心大萝卜有什么不好？古人都说，好花堪折直须折。”

可是突然有一天，他跟我们宣布，他名花有主了，而且不久就步入了婚姻殿堂。结婚后的他，跟从前也判若两人，他规规矩矩，再不拈花惹草，以前打牌的那帮人，三缺一的时候也叫不动他了。

“我老婆胆儿小，晚上一个人在家害怕。”他总说。

后来一次聚会的时候，我们问他怎么能金盆洗手立地成佛的？他只说了简单一句话：“我怕失去她。”

小姚的变化，可以说是360度大转弯。他知道花心的代价，是可能失去这个他真心在乎的女孩，而这个代价，是他不愿意付出的。

一起写作的一个女性朋友，也曾跟我聊过她的经历。

“我跟前任在一起的时候，爱过恨过背叛过，因为对他失望，我很容易就喜欢上一个男人。我不怕让别人痛，也不怕被别人伤害得体无完肤，躲在被窝里哭一宿，第二天顶着肿眼泡又可以看花开花落。我曾一度鄙视自己，以为自己天生就是朝秦暮楚、水性杨花，直到我遇到现在的老公。

遇到他以后，我惊讶地发现自己变了，很少再觉得某个男人帅，即使帅，我也觉得跟我完全没有关系。朋友们都瞪大眼睛，不相信地说：完了，完了，你失去审美能力了。

也许吧。他并不帅，但在我眼里，他就是那么好看。五年了，我愿意每天看见他，看见他的眼睛里我的影子。

我不会背叛他、伤害他，因为我在乎他。己所不欲，勿施于人，一想到假设他背叛了我，我的心就抽筋似的疼。”她严肃认真地说道。

花心不花心，要看你够不够在乎。这位女性朋友，之所以之前滥情，是因为那段婚姻，于她就是牢笼，出于种种原因，当时没有离婚，但在她心里，已经不在乎那个人、那段感情。分就分、离就离，不在乎了，便会肆无忌惮。

你若一旦对一段感情视若珍宝，就会小心翼翼地维护它。“劈腿”这种事，有贼心也没有贼胆，偷偷在心里意淫一下帅哥或美女，都会觉得愧疚，赶紧骂自己贱，生怕身边的“TA”看出你的心思。

这个世界上，不花心的只有一种人，那就是真爱你的人、在乎你的人。我们维护的，其实是两个人之间的亲密无间。

对我们最好的，是父母；但最亲密无间的，却是伴侣。同衾同枕而眠，耳鬓厮磨，我们用尽所有的触觉，去感受另一个个体，并在潜移默化里同化着对方，也被对方同化着。

前天，我约了蓓外出。她脖子上围着一条中性的格子围巾，温暖又好看。我问：“这条围巾，你确定不是男式的？”

“其实是女式的啦，不过我老公围得多。天气冷了，我们一起出门，我就会让他戴上。我有很多围巾，随便再找个颜色搭一下就行。”她欢快地说。

我仿佛看到，她逼着她老公围上围巾的画面，简单的生活场景，却满满的温馨。每次我吃不完的盘子，往白先生面前一推，他幽怨地看我一眼，又无可奈何地替我消灭干净的时候，我都在心里偷偷乐。

有一个人，在他面前你可以不洗脸、不梳头、不化妆；你们共用一管牙膏、甚至一条围巾；他吃你剩下的饭；你累了就可以靠在他的肩上，分分钟进入睡眠状态；他见过你流口水的样子，一边嫌弃你，一边爱怜地给你拿面巾纸。

让我们感觉平静幸福的，就是这种亲密：繁华世界里，我只看见你；弱水三千，只取一瓢饮。都说有钱什么都可以买，但是，你有再多的钱，也可能买不到一段亲密的感情。

而花心“劈腿”，是这种亲密关系的天敌。

林丹出轨，可能是因为岁月漫长，日子抹杀了激情，面对腿长的嫩模，荷尔蒙过剩的林丹难以把持。明星们的世界里，诱惑太多，男星女星出轨也好，三角恋也好，更是司空见惯，区别只不过是，有没有被狗仔拍到，有没有被曝光而已。

但是，不管给他找多少借口，这件事对他们夫妻间的亲密关系，也是毁灭性的。即使她大度地原谅了他，即使她既往不咎，即使林丹与嫩模只是逢场作戏，他的心还是在家里，但他与妻子之间的某种亲密，也必定遭受损害。

那是一种不再圆满的感觉，你不再完全是我的，我也不再百分之百地相信你。你的身体背叛过，我的心里有一道阴影，这阴影，必定终生存在。也许得到耄耋之年，她才能真正淡忘，也许，一生都不会忘。

谢霆锋当年，也曾表态原谅张柏芝，但最终，还不是分道扬镳。夫妻间一旦失去亲密无间，两个人的关系便不再纯粹，便是真如搭伙过日子一样的组合了。

从道义角度，花心“劈腿”自然应该被千夫所指，因为那是对爱人的背叛；但从现实的角度，在这个浮躁的社会里，别说明星了，普通人里，出轨的也不在少数。甚至有人说：“没有不会出轨的，只是诱惑不够而已。”

听了可能很心寒，但，这就是现实。

那，是不是说所有的男人结婚以后，都会出轨？自然不是。这世上，有一种男人不会出轨——就是不敢拿你们的感情做赌注，真心珍惜在乎你的那个人。

【2】这才是男人最贵的聘礼

小陈是福建长乐人，我认识他时，他还单身。每个月发了工资，他都会拜托我去西联，帮他把薪水悉数汇款回中国，因为他语言不大好，又有几分羞涩，不太敢张口说荷兰语。

我问他为什么自己这么俭省，总是把钱都汇回老家。他说：“姐姐你不知道，在我们福建，娶个老婆，光聘礼就要几十万的，我得赶紧攒钱，二十四五了，等娶亲的钱攒够了，我或许就回老家了。”

我惊讶地张大嘴巴，因为在我老家，是没有这个风俗的。男方确实也会出点聘礼，但也只是象征性的，有些家庭条件好的女方，不但明说不要彩礼，还会买很多家电陪嫁。

后来，小陈认识了施施，施施身材高挑，跟小陈个子差不多，她在巴黎有一份比较稳定的工作，可在法国长期居留。由于小陈那时候还是黑工，不敢坐火车，施施每次休息，就从巴黎过来看他。

两个人热恋了几个月，决定缔结终生。在谈到聘礼问题时，施施说:“我一分钱不要，你来巴黎，我们租个小房子，去市政厅领个证，请几个好朋友喝一杯，就可以了。”

小陈感动得眼圈发红，连我们都啧啧称奇，直说小陈命好，遇到了这么知书达理的姑娘。

如今，两个人已经有了一个女儿，小陈的居留也办下来了，一家三口，在巴黎过上了安定的小日子。他们租住在第九区的一个小公寓里，屋子虽小，但其乐融融。我们去看宝宝的时候，都说施施是小陈的贵人，自从遇到她，小陈的爱情、家庭和未来，都接踵而至。

施施笑着说道：“我认识他的时候，他确实一无所有，但是，他会煲汤、会做饭。每次我去看他，他总是给我炖鸽子、炖猪脚，盛到碗里给我，烫了还给我吹一吹；我来例假肚子疼，他给我冲红糖水，给我揉肚子；我在巴黎，遇到不顺心的事，睡不着觉，他开着视频，整夜整夜地陪我聊天……好多人都问我，嫁给他图什么，我就图他的体贴与疼爱。”

“你们都觉得小陈有福气，其实，嫁给他，是我的福气。”施施大大方方地说。这个智慧的女子，抛开了一切世俗的标准，看到了幸福的根源。小陈给她的，是男人能给的最贵的聘礼。

现在好多女孩，太看重物质。诚然，一定的经济基础是必不可少的，但我们一定不要过分抬高了物质的作用，钱在一定程度上可以给我们一些安全感，但两个人的心心相印、一辈子的体贴与疼爱，才是幸福的决定因素。

农村里的一些夫妻，面朝黄土背朝天，他们栉风沐雨，生活艰苦却相濡以沫；小城里的姑娘小伙，好多一线品牌听都没有听说过，照样活得热情洋溢。他们彼此，就是对方的诗和远方。

大导演李安的妻子林惠嘉，一点也不光鲜亮丽、珠光宝气，可以说是胼手胝足，十分土气。但李安从来不曾嫌弃过妻子，他说妻子虽然不娇媚，却是自己最好的倾听者，每次听到妻子的声音，所有烦恼都烟消云散。

即便是今天，李安仍是家里的“煮夫”，回到家里，他喜欢絮絮叨叨地跟夫人讲工作上的事情。很多人都感叹大导演李安是个好丈夫，对妻子不离不弃，十二分的尊重和体贴，但很少有人知道，李安成名之前的事情。

每一个成功的男人背后，都有一个伟大的女人。李安也不例外。

看他的自述《十年一觉电影梦》，我不禁对李安妻子林惠嘉拜服。博士毕业的林惠嘉，独自养家七年，支持丈夫的电影事业，李安过意不去，偷偷学电脑准备找工作。可没多久这件事就被林惠嘉发现了，大骂道：“学电脑的人那么多，又不差你李安一个！好好研究你的电影吧。”

李安吃了七年“软饭”，终于破茧成蝶。试想，如果他的身后，没有一个强大的林惠嘉，一般的女人，怎么能无怨无悔地让他“无所事事”七年！有她的见识和眼界、宽容和大度，才有李安后来的成功，而李安，也没有让她失望。

一次在接受记者采访时，李安说：“以前穷困时，靠老婆养，现在当导演，在外头耀武扬威，回家做收心操，煮煮菜，让老婆骂一骂，也好收收心，平衡一下。”

不世俗，不盯着眼前的利益，支持丈夫的梦想，林惠嘉换来的是丈夫一生的理解和疼爱。

香港艺人梁家辉，与江嘉年结婚二十七年，一直情深不变。年轻时的江嘉年很美，可迈入中年后的她，身材已经走样，但梁家辉至今仍常拉着老婆逛街。外界批评江嘉年打扮老土，与梁家辉不相称时，梁家辉却说："我觉得我太太越来越美了。"

当年两人谈恋爱，梁家辉经济拮据，江嘉年总能体贴对方，结婚时也不嫌弃他的身家清贫，依然带着信任与期许嫁给他。岁月荏苒，许多年过去，他们出门还总是手牵手或当街相拥，羡煞旁人。

"如果你给我的，跟给别人的一个样，那我就不要了。"梁家辉一世的深情，只给了这个女人。

聘礼再多，也不一定能得到真心，有钱能买到房子，却买不来房檐下的温情。施施懂得这一点，她要的，跟许多女孩不一样，因而她收获的，也是她独一无二的小幸福。

这一生，如若遇到个男人，用心爱你，给你无限的疼爱和体贴，让你和他的遇见，唯美你的一生，那就嫁了吧。

因为这，才是一个男人能给你的最贵的聘礼。

【3】"渣男"鉴定术

前些日子，巴黎的一个刘姓华人被警察枪杀，作为旅欧华裔，这样的消息让我震惊、愤怒。冷静下来之后，认真思考，这桩悲剧为什么会发生在他的身上？

毋庸置疑，警察有执法失误的地方，但死者自己也并非完全没有责任。他酗酒，且酒后经常情绪失控，说话声音很大，惊扰邻居，几次被邻居投诉到警局，算是有前科的人。

也许有人觉得，发发酒疯闹一闹，没有什么大不了。我深受其害过，特别知道这种行为有多讨厌。

我老家的邻居里，有个青年，平时人很和气，话不多，热情好客。但是，他却是地地道道的酒后无德，经常半夜三更，喝得五迷三道，踉踉跄跄地回来，在门口高声大嗓呼叫家人开门，家人动作稍慢一点，他就把门拍得咚咚响，骂骂咧咧，满口脏话。

若是心情不好，他还会去敲邻居的门，不管多晚。有婴儿的家庭，总是提心吊胆，怕孩子半夜被惊吓；家里人更是头疼，因为他喝完酒想聊天，回到家，不是拽起家人硬听他口齿不清地说说说，就是扯着嗓子轮番给亲戚打电话。

若是稍有不顺，他随手便砸，电话、窗玻璃、电脑、电饭锅、手机，什么碍眼砸什么。他酗酒，三天两头喝，每喝醉一次，家人邻居亲戚都跟着遭殃，一宿一宿地睡不好。酒醒以后，他又是那个和善的男人，只是在醉酒以后，控制不住自己的情绪。

那时候我还年轻，只是心里暗暗发誓，喝酒的男人一定不能嫁。后来才慢慢明白，应该是控制不了自己情绪的男人不能嫁。

巴黎被杀的刘姓男人，如果不是酒后控制不住自己，频频扰民，也不会最终导致他命丧他乡。

强者控制情绪，弱者被情绪控制。总是被情绪左右的人，生活中就像是埋着一个定时炸弹，总有爆炸的危险。

上次回国，听人说起我的堂嫂，说她真是贤惠得很，你堂兄一不高兴，又是骂又是砸东西，她都一直忍耐着，跟着他不离不弃……

我忽然心生悲哀，决定去看看她，十年没见，上一次见面，她还是我现在这个年纪。

我的堂兄，平常对媳妇也还算好，一口一个“老婆”地喊，很亲切的样子，但就是大男子主义严重、脾气暴躁，堂嫂一句话说得不好，他就冲她吼，甚至拳脚相向。我曾几次看到，堂嫂的身上有瘀青，最厉害的一次，是眼角，她的眼睛肿了十来天，才消下去。

我曾经问过她，有没有想过离婚，她叹了口气：“离啥啊离，你堂兄人不坏，就是脾气不好，凑合着过吧，也都半辈子了。”

现在十年了，她的生活完全没有变化。他们还住在那所小公寓里，堂兄还是脾气暴躁，堂嫂还是戴着她的近视眼镜忙活着，除了她过早地显得苍老以外，一切，都没有变。

她这样忍辱负重了十年，她的婆婆、街坊邻居都说她是好女人，当然她们也知道，她过得并不好。

她把我让到客厅里破旧的沙发上坐下，给我沏上一杯茶，从头到脚地打量了我一番说道：“啧啧，瞧你美的，还跟二十岁的姑娘似的，皮肤还这么好。我老咯，头发都有白的了。”

堂嫂也是上过高中的人，但是毕业后，便不曾再读书，倒是织毛衣的时候飞针走线，速度了得。自从嫁了人，她毕生的精力，都放在了当个贤妻良母上，可惜遇到个暴脾气的老公，导致半生悲剧。

我们聊了很多，她也羡慕外面的世界，羡慕别人被老公宠爱。她说：“二十年来，我无数次想过离婚，但是，又一次次地偃旗息鼓，放弃了自己的想法。他现在好多了，很少动手，年纪大一些，不像年轻时候那样冲动了。”她似乎在为自己辩解。

告别堂嫂出来，心情很复杂。哪一个女孩，年轻的时候，不幻想着自己是公主，遇到自己的王子，和他一起住在城堡里，被他宠溺？我相信堂嫂也曾有过这样的年纪，可惜到了中年，她竟然满足于他“很少动手”。

嫁人，是女人的第二次投胎。嫁了什么样的老公，也基本决定了你未来生活的样子。一个连自己的情绪都控制不了的男人，给不了你幸福。

拿破仑曾说：“能控制好自己情绪的人，比能拿下一座城池的将军更伟大。”

约翰·米尔顿也曾说“一个人如果能控制自己情绪、欲望和恐惧，那他就胜过国王。”

大部分的女人，都不是野心勃勃的政治家，我们不图自己嫁的男人建成伟大基业，只求能够恩爱温馨地度过一生……

女性在怀孕期间、生产以后以及更年期时，都特别容易情绪不稳定，易怒，焦躁。这个时候，我们更需要一个情绪稳定的男人，抚慰我们的心，给我们安全感。

事业成功的男人，也往往善于控制自己的情绪。暴戾的君主、急躁的臣子，往往都以失败告终，比如曹操和希特勒，再比如张飞。

《三国演义》里的张飞，能征善战，勇猛威武，但他最后并不是战死沙场，而是被自己的情绪杀死。他听说好兄弟关羽被害，抑制不住哀伤，借醉鞭打士兵，要他们日夜赶造兵器，想要马上为兄弟报仇，最后两名部下忍无可忍，趁张飞醉酒时，将他刺杀在军营里。

我还看到过这样一个小故事，有一个男孩脾气很坏，于是他的父亲就给了他一袋钉子，并且告诉他，每当他发脾气的时候就钉一根钉子在后院的围篱上。第一天，这个男孩钉下了三十七根钉子，慢慢地每天钉下的钉子数量就减少了，慢慢地他也发现控制自己的脾气要比钉下那些钉子来得容易些。

终于有一天这个男孩再也不会失去耐性乱发脾气了，他告诉父亲这件事后，父亲又跟他说：“从现在开始每当你能控制自己的脾气的时候，就拔出一根钉子。”

一天天过去了，最后男孩告诉他的父亲，他终于把所有钉子都拔出来了。父亲握着他的手来到后院说：“你做得很好，我的孩子。但是，你看看围篱上的洞，这些围篱将永远不能恢复成从前，你生气的时候说的话也像这些钉子一样会留下疤痕。如果你拿刀子捅别人一刀，不管你说了多少次对不起，那个伤口也将永远存在。话语的伤痛就像真实的伤痛一样令人无法承受。”

所以，任何时候，我们都不应该做自己情绪的奴隶。男人们一定要积极地去调整心态，点火就着的脾气，不利于家庭和谐，而女人们，与异性交往也一定要擦亮眼睛，控制不了情绪的男人，不要嫁。

坏脾气会伤人，尤其是会伤害身边最亲的人。

【4】放手，也是放过自己

一个读者在文章下面留言：“受够了为那个人痛哭，明知道他不爱我，当初还是义无反顾地跳进了婚姻里。心已冷，感觉自己不会再爱了。前路漫漫，我该何去何从。”

我知道说这段话的，一定是个有故事的女子。读着这句话，我仿佛看到了她心底的挣扎，她怀疑、犹豫，想要离开又怯懦不舍，她愤恨，觉得天下男人都是一样的货色。

我轻轻敲下一句话，回复她：“一辈子很长，还是应该和一个自己喜欢也喜欢自己的人在一起。”

每一个故事的背后，都有一段欢笑、一段悲伤。那些豪爽地说着“我有故事你有酒吗”的女生，谁没有经历过几段痛到骨髓的爱情？可也正是这些经历，让我们成熟，让我们成为今天这个独一无二的自己。

读《圣经》，我最喜欢的就是里面说，女人是男人遗失的那根肋骨的故事。

我真的觉得，找到那个对的人，你就成了他的软肋，无论他在外面如何逞强，在你面前，却怎么也耀武扬威不起来。比如我家先生，他常常被我气得要跳起来，却也只是干瞪眼，冷静下来以后，还得认真规划解决办法。他常常说，我的问题解决了，屋子里才能安宁。这个年年通过狙击手测试的血性男儿，在我这儿，竟然温顺得像头小羊，并不是我驯夫有术，只是因为，我们懂得彼此的好，就容忍了对方的小缺点。

而遇到错的人呢？就像肋骨装错了位置，怎么都不合适。彼此让对方感到不适，或是爱得多一点的一方，委曲求全。但毕竟不是正确的组合，最终两个人还得分手，还得把肋骨卸下来，重新去找自己的归属，重新组装。

卸肋骨的那个阶段，一定会痛苦不堪。可为了一辈子的幸福，也别无他法，我们总不能因为怕疼，就将就一辈子吧。

凑合，是对自己不负责任，不将就，才是为自己着想，才是对爱情的尊重。有时候，放手也是一种爱，放过别人，也放过自己。因为爱情或婚姻里，想靠将就来换取幸福，成功的可能性基本为零。

鲁迅的妻子朱安，精心伺候周母，忍耐了几十年，却连鲁迅的一个正眼都没有换来。她做了他一辈子名义上的妻子，可连鲁迅的身体都没有碰到过，即使是鲁迅与许广平在一起之后，她也还屈辱偷生，不愿离婚。她的一生，是灰色的悲哀，没有一丝一毫被爱过。

徐志摩对张幼仪，又何尝不是极端绝情。她带着希望去欧洲与他团聚，却被他嫌弃，笑她是乡下土包子，她隐忍着，努力地讨好他，最终还是被他抛弃。

我在北京租房时的房东，家里因为拆迁分得五套房。“男人有钱就学坏”，他在外面勾搭了个年轻的女孩，而他的妻子，吵闹过不管用，也就偃旗息鼓，想要靠贤淑来打动他。她任劳任怨地给老公洗臭袜子，给年迈的婆婆洗头，她说她生是他家人，死是他家鬼，打死也不离婚。

她以为老公能回心转意，结果只是变本加厉，他跟第一个女孩分手，很快又找了一个更年轻的。妻子稍有怨言，他就抛出一句话：“不行就离呗。”

别人都感叹她老公何德何能，娶到这么个重情重义的好女人。可我却想说，命运掌握在自己手中，与其这样苟且地爱着，不如打破组合，重新生活。

在忍受了N年以后，他妻子终于钻出了牛角尖，跟男人离了婚。拿着两套半房子的钱，带着儿子，在北四环安了家。爱情这东西，就像鬼神，宁可信其有，不可信其无，等着找着，哪天撞了大运，你就碰到了你的真命天子。听说，她后来觅得良人，过得极幸福。

婚姻里的张幼仪，低到了尘埃里，离婚后的她，却破茧成蝶，活成了让自己骄傲的模样。月子里被逼签署离婚协议，但这是张幼仪人生最后一次惊惶失措，几年后，当她再次回国时，已经脱胎换骨，成为一个真正独立的新女性，出任上海女子商业银行副总裁，创办中国第一家时装公司“云裳公司”，在商业领域大显身手。离开徐志摩后，她活得顺风顺水，后来还帮徐家安排后事，接济自己的“情敌”。

那些打破了残局的，都成就了自己。我一直想，朱安若是勇敢一点，不将就在冰冷的婚姻里，结局或许比孤独终老要温暖得多吧。

一个人的孤单还可以忍受，两个人的同床异梦绝对是煎熬，跟一个自己不爱的人一起生活一辈子，想想都可怕。其实，找对象真的就像是挑鞋子，不合脚的鞋子，穿上有多痛苦，只有你自己才最清楚。

那我们要怎么样才能尽量避免走进错误的爱情和婚姻里呢?

第一，只有该结婚的爱情，没有该结婚的年龄。

爱一个人是一辈子的事，不能因为大龄单身就去凑合，也不能因为曾经沧海就简单地找个“老实人”嫁了，更不能因为父母逼婚，为了取悦他们，就草草地把自己的一生交出去。毕竟，要和那个人过一辈子的是你，而不是你的父母。

第二，好的爱情和婚姻关系是彼此相处舒服。

对的人，是你看透了他全部的缺点，却还是爱他的人；是即使吵架了，也要赖在一个屋檐下的那个人。

你对他信任，他能给你安全感，两个人相处，可以完全做自己，不必戴上面具，轻松舒适。

第三，不要给爱情附加太多的其他条件。

你想要对方有车有房，首先要看看自己有什么。只要求对方，一开始就想着凭借对方过上富足日子的心理，只能说明你自己太弱。

有自信的女生，相信凭借两个人一起努力，一切都会有的。

第四，走进了错误的爱情和婚姻，果断放手。

买了一双不合脚的鞋子，总是把脚磨得鲜血淋漓，是让脚结了痂再磨破，还是扔了鞋子呢？

已经错了，不能永远错下去，果断转身，及时止损。毕竟，脚只有一双，要好好呵护，鞋子呢，尝试去磨合，如果磨合不了，还是换一双吧。

天长地久也好，曾经拥有也罢，爱情最珍贵的也不过是这份“不愿将就”的真情。愿你早日等到那个对的人，挽起他的手，一起款款前行，永远也不用将就。

【5】学会保鲜术，将爱情进行到底

都说爱情的“寿命”只有十八个月，超过了十八个月，揭去了神秘的面纱，激情也逐渐退去，发展得好，可以转化为亲情，发展得不顺利，两个人就只能好聚好散、分道扬镳。

结婚以后，爱情更容易被柴米油盐冲淡。电影《怪物史莱克》第二部中，当英雄和美女终于幸福地生活在一起之后，生活的繁琐，养育子女的烦累，让原本美好的爱情陷入疲惫。

如果身边的这个人，就是你的真爱，那么怎样才能让爱情保鲜，将“TA”长久地留在身边？以下几个小技巧，你一定要“get”到。

01 不指责你的另一半

看起来，这似乎不是什么原则性的问题，但其实，这一点至关重要。

没有人喜欢被批评、被指责，尤其是当“TA”自己认识到错误以后。好多夫妻之间，最初的感情疏离，就是从指责开始。比如女人不小心刮坏了车子的漆，自己已经很心疼了，男人还火上浇油，骂她笨，或者是男人粗心，丢了钱包，女人喋喋不休地唠叨……

我们每个人都会犯错，不抓住别人的错误不放，是一种智慧。善意的提醒可以，如若总是不忘说别人的黑历史，就会让人不舒服了。

聪明的女人，懂得指责有弊无利。

前几天，这边的一个小伙伴发现家里门锁坏了，锁上后不容易打开，就让她老公打电话找人来修，修锁公司派了两个大男人，折腾了一个小时才勉强弄好。开单收费，竟然五百多欧，原来，她老公没看仔细，这个修锁公司有一项“紧急上门服务”，价格特别昂贵，而他们家这种情况，根本不需要紧急服务，完全可以预约第二天或更晚的时间。原本只要五十欧就能解决的问题，花了十倍的钱。

我问小伙伴有没有怨她老公，她说：“不心疼是假的，五百多欧，干什么不好。但是想想，他一定也很后悔事先没有看清楚，所以我什么都没有说，还劝他说算了，花钱买教训了，吃一堑长一智。我想经过这次，他以后做事，也一定会更细心。”

而她的老公，一向对她疼爱照顾有加，现在想想，其实一切都是有原因的。她的不指责，换来对方的感激，她犯错的时候，他也就更能包容体贴。

02 表达欣赏和感激

没有人是雷锋，只讲付出不求回报。他可能不需要你用金钱和行动来回报，但是语言上的感激和欣赏还是必需的。

试想一下，你兴冲冲地给他买了份礼物，结果人家看了一眼就扔在一边，是不是像一腔热情被浇了一盆凉水？而如果对方拿过礼物，迫不及待就拆开包装，眼泛欣喜亲了过来：“谢谢亲爱的，这个正是我想要的。”你是不是恨不得第二天再送他一份礼物？

中国人内敛，不太喜欢表达，我们总觉得，不说出来，体现在行动里，对方也能感受到。其实，可真不一定，有时我们的羞于表达，会让对方感到小小的失望。

在所有爱的表达里，感激和欣赏最简单，却也是我们的薄弱项。记得对你的另一半不吝赞美，多说谢谢、你真好、多亏有你、你好厉害，两个人之间的关系会更和谐。

03 多一些亲昵的举动

牵手散步，天冷了往他臂膀里钻一钻；看电视的时候，依偎在一起；早上告别、傍晚下班的一个吻必不可少；没人的时候，趁机捏“TA”一把；吃巧克力，偶尔喂他一颗。

亲昵的举动，多多益善。因为这些，都是爱的传达。

每天生活在一起，日子渐渐平淡，就像是可乐里没有了气体。这种情况下，就需要我们人为地制造一些小举动、小暧昧，比如替她理一理被风吹乱了的头发，捏捏她胖嘟嘟的下巴；太阳毒辣的时候，替她压一压帽檐；带她参加聚会，时常走过来，揽住她的肩，把她介绍给自己的朋友。

这些，都让她觉得你心里有她，即使是在你的朋友圈子里，她也不会觉得因为陌生而感到不舒服。当然，伴侣之间跟朋友不同，肢体接触，是感情表达的主要方式，只靠交流思想就能彼此深爱的夫妻，毕竟不是我们普通人可以达到的境界。

04 深层次沟通，说出心底的不快乐

我跟先生认识九年多，感情有增无减。个人觉得，很大程度上得益于我们俩都比较直接。

我们不高兴了，总是第一时间让对方知道。晚餐时间，我们会安静地吃饭，然后还会一块儿收拾整齐，再然后，我们就会把手机放在一边，关闭电视，面对面地坐在地毯上，说出自己不高兴的原因。

一个人在“控诉”，另一半有权利为自己辩解，但前提是，要等对方把问题说清楚以后。我们也常常争得面红耳赤，但当我们站起来的时候，问题已经解决了，这之后，我们又可以一起心平气和地看电影了。

沟通，真的是感情保鲜里最重要的部分，有问题憋着，最不利于感情的维护。这就像一部机器，出现问题及时修理，机器就能常用常新，若是让它带着问题运转，毛病只会越来越严重，最后在某一天，机器彻底报废，无法修复。其实有什么问题，最好当天解决，带着情绪入睡，抑郁伤肝，噩梦不断。

我们自己的舌头和牙齿都有打架的时候，何况是两个完全不同的人。住在一个屋檐下，有矛盾没什么大不了的，坐下来，冷静地解决掉它，一切就都不是事儿了。

05 一起定制周末计划

感情的最大杀手，是平淡，尤其是年轻人，最怕的，就是日复一日重复的生活，消弭了热情。

平常的工作日，两个人各自上班，晚上回来，一起吃顿饭，看个电视节目，是最常规的日常活动了。虽然说，一顿浪漫的晚餐，

可以滋润感情，但浪漫，就像一袭华丽的晚礼服，你总不能一天到晚穿着它。

怎样弥补工作日的单调和程式化呢？一起度个周末，自然是不错的选择。

家门口公园里的辛夷花要开了，市郊新建了一个娱乐园，开车两三个小时看一次画展，去临近的城市来个周末行。两个人一起订计划、查路线、发现目的地周边的美食……周末穿得美美的，来一次小小的甜蜜之旅，感情升温，就在一起做这些事情的过程里。

爱情是美好的。柏拉图说，当爱情轻敲肩膀时，连平日对诗情画意都不屑一顾的男人，都能变成诗人。经常一起出去度假的你的那个他，可能也会对着花儿拍个不停，因为他知道，那是你喜欢的。以花儿为背景，你才是他照片的主角。

如果他实在技术太烂，你可以吐槽他把一米七的你拍成了一米五的死胖子……没有关系，瞅准机会，也拍他一个糗照，互相取笑吧。

06　会享受一个人的时光

男生也有男生的爱好，我们不能要求他们，每个周末都陪我们去“city tour”。偶尔他们想去练练马术、参加网球俱乐部的活动，我们也要学会享受一个人的时光。

不黏人的女孩，最受男人欢迎，把一个人的时光过得丰富有趣，而不是等他回来跟他抱怨：“你不在我好无聊啊。”要让他知道，跟他一起开心，是因为爱他，但你绝不是离不开他、依赖他。你越是给他传递“离开你我也能过得很好”的信息，他就越是在乎你，怕失去你。

一个人的周末，最适合读书。书香伴你悦读，不会寂寞，不会孤单，也可以约上三五好友，逛街、喝茶、做烘焙，或是晒着太阳开个读书会。

我特别珍惜一个人的独处时间，练书法、写文，跟自己对话，累了看看自己喜欢的娱乐节目，听着轻音乐做做瑜伽。只恨一天太短，从来不会觉得无聊无趣。

张爱玲说：爱情本来并不复杂，来来去去不过三个字，不是我爱你、我恨你，便是算了吧、你好吗、对不起。希望我们都能用心地经营好我们的爱情，只有三个字“我爱你”或是“在一起”，后面那些无奈而伤心的三个字，就都不要出现在我们的生命里了吧。

【6】左先生只适合暧昧，右先生才适合结婚

【和别人吵了架】

左先生：别生气了，生气伤身体。

右先生：我劝你吃点折耳根冷静下，还去上次那一家?

【加班】

左先生：辛苦了，再忙也要记得吃东西哦!

右先生：给你叫了外卖，抽空吃。

【找工作碰壁】

左先生：加油！相信自己下一次一定行!

右先生：简历发过来瞅瞅。对了，网上看到 × 集团在校招，要不要试试?

【比赛前一天】

左先生：加油！相信你是最棒的!

右先生：PPT 我试着改了点。比赛结束去看话剧吧？

【没完成销售任务】

左先生：尽力就好！你已经很厉害了！

右先生：我们公司可能会要一点订单。但能力有限，不会很多。

【天凉了】

左先生：多喝点热水。

右先生：走，去买件羽绒服。丑？你穿个大布片儿抖成筛子就不丑？

【感冒了】

左先生：多喝点热水。

右先生：我买了药和姜，不严重别吃药。

【大姨妈痛】

左先生：多喝点热水。

右先生：这我没办法，他们说结了婚就好了，要不你嫁给我试试？正好我买了戒指。

【撞了车】

左先生：人没事就好！以后小心点啊！

右先生：报警、拍照、报保险……什么？你不知道怎么报保险？告诉我车牌号！

这两天，朋友圈里被左先生和右先生的故事刷了屏。仔细一看，还真是典型的两种男人，并且这两种男人，我都遇到过。

我曾经和某位这样的左先生暧昧过，感觉整个世界都开满了花。那种感情，绚烂、夸张，却也如昙花，生命终究不能长久。

因为，那种幸福美好的感觉，始终像是飘在空中的蒲公英，或是浮在水面的浮萍。内心深处，有一个低沉的声音在提醒自己，这种感情，好像哪里不对。

到底是哪里不对呢？我觉得是没有安全感，我没法毫无保留地把自己交出去，其实，稍微理性一点的女生，都有准确的第六感，怕只怕，你故意对自己内心的声音充耳不闻。

只流于语言层面的关心，谁都可以。真正爱你的人，是会用心、用实际的行动，陪你度过艰难的时光，竭尽全力，让你过得更好。

后来，我遇到了我家达西先生，毫不犹豫地就嫁了，而达西先生是典型的右先生。

我的第一辆车，自动除冰功能不好，大冬天的，他总是早起，吭哧吭哧地帮我刮冰，然后再把车子发动，车前后玻璃清理干净。等我出门上班时，车子里已经热乎乎的了。

换一份工作，他要先跟我一起开车去几次，找到最适合的线路。所谓的最适合，就是最安全，尽量避开有盲点的转弯处，不走车辆拥挤要左转的地方。路线确定下来，再陪我一起，看我开两个来回，才放心让我一个人开。

“她方向感差，不熟悉的路，万一开错，就会惊慌，慌乱就容易出错。”他跟朋友解释为什么要这么不厌其烦。

车子脏了，他会趁我在家不出门，开我的车去上班，回来的时候，车子干净如新。还有我讨厌汽油味儿，一直到今天，从来没给自己的车子加过油。

他还记得我喜欢吃的零食，总会下班右拐，转个圈儿帮我捎回来。我需要什么，他很少说“下次我记得帮你买”，总是说“今天下班我就带回来”。

幸福，就是嫁给右先生。

可能是性格原因，我遇到的男人，大部分都是暖暖的。但同样作为暖男，他们却又有着天壤之别：前者无微不至，随时随地秒回你的信息，他们嘘寒问暖，嘴巴像是抹了蜜；后者憨厚笃实，为你二十四小时开机，不一定能随时陪你聊天，但他记得你说过的每一句话，他总是用行动代替甜言蜜语。

刚开始交往的时候，你可能会被左先生扰乱了阵脚，分分钟为他心动。因为女孩子都喜欢被在意、被宠着、被哄着，寂寞的时候有人陪着聊天，时间久了就会成为一种习惯、一种依赖。而这种习惯也容易给你造成错觉：他是喜欢我的，我也是喜欢他的。

于是，每天晚上，没有等到他的晚安，你就无法入睡；他一天没有联系你，你就觉得无限失落……你以为你是恋爱了，其实，你只是爱上了这种存在的感觉。当你遇到了右先生，你就会明白，什么才是真正的爱情。

他会给你踏踏实实的陪伴和具体的解决方案，空泛的安慰和鼓励，会变成设身处地地忧你所忧、想你所想。他也许不够浪漫，却会经常让你感动，他细心、实在、霸道，但会让你觉得无比安心。

左先生是适合网聊的对象，“多喝水”，讲出来多么简单。一秒钟，他的责任就尽到了。

右先生是适合结婚的对象，实实在在的行动，让人格外踏实舒服。偶尔卖个萌、幽个默，给平淡的日子加点调料。

我们早已过了耳听爱情的年纪，一个真正爱你的男人，总会想方设法让你的生活变得更加美好，而不是巧舌如簧地玩文字游戏。

曾听说，有一位年轻人写了一封情书给他的女朋友。信上写着：“亲爱的，我愿爬到那最高的山顶上，越过那最广阔的海洋，穿过那最酷热的沙漠去看你。附言：如果这个周六晚上不下雨的话，我就来见你。”

现实中的左先生，往往就是这个样子，他们是语言上的巨人、行动上的矮子。“等我有钱了，我要给你买什么什么。”“改天我请你去吃大餐。”“下次吧，下次我一定记得。”而右先生，却在左先生夸夸其谈的时候，买好了你爱吃的甜点；在左先生空口承诺的时候，辛苦加班，想要给你置办个小窝。

远离那个总让你多喝热水的男人，他最多只适合暧昧。要嫁，应该嫁给那个给你买了药、穿过半个城市、送到你门口的右先生，保你一生温暖、一世安心。

千万别选错了人，断送了自己的幸福。

【7】爱，是做出来的

简书上有一个大学生读者在后台给我留言：“沐儿姐，我在北京读大学，跟男朋友异地。他每天都会说想我，但除了大一的时候，他来北京看过我一次顺便旅游外，都是我去看他，他说他不喜欢坐火车，还说他早起特别困难，总之他有一万个理由。以前还好，现在我做了兼职，周末再去他在的城市，来回奔波，真的觉得身体吃不消。沐儿姐，他是不是不够爱我？”

我说，他是不是爱你我不知道，但他真的有些自私。下次他再说想你爱你的时候，你就跟他说：爱不是说出来的，而是做出来的。

很多事情，说起来很简单，做起来可就难多了。既然你什么都没做，就别跟我说“我想你”这三个字。

我跟白先生认识之后，我在北京，他在欧洲，他省下他的每一天假期，留着来中国。夏天里，他每天多工作半个小时，攒了工作时间，换成假期，为的是能多去看我一次。四年里，为了来看我，他飞了北京十九次，工作以来攒下的钱，都贡献给了航空事业。

对于我们，异地异国，都不是大问题，关键是时差。他起床的时候，我已经下午了；他还没下班，我就要睡觉了。他怕短信打扰到我，就给我发 E-mail。“每日三省吾身”，早上起床，中午饭时，晚上睡前，必定给我邮件，汇报他一天的计划或是出差行程，这样，即使有时候他不能随时回复我的信息，我也清楚他大概在哪里、在干什么。

我们整整异地四年，没有误解，没有抱怨。敏感如我，能让我坦然接受现状，多亏先生的用心，他手机二十四小时开机，有急事我随时可以联系上他。遇到问题，他也能给我合理的建议，冷静地分析给我听。

如若他只是口上说着想我，我或许是不敢相信的，因为早已过了耳听爱情的年纪，我要的，是他的诚意。拿出实际行动来，让我看到真正的关心和在乎，比什么都重要。

金星说：如果一个男人心疼你挤公交，埋怨你不按时吃饭，阴雨天嘱咐你下班回家注意安全，请别理他！然后跟那个可以开车送你、生病陪你、吃饭带你、下班接你的人在一起。嘴上说得再好，也不如干点实事。

深以为然。

我好友小希的男朋友，当时是他们学校的校草，高大帅气，而且说话特别幽默。他很会逗小希开心，家庭条件也不错，毕业不到一年，家里就给他在北京西四环买了套房，车子也给配上了。

小希在国贸上班，坐地铁一号线倒也挺方便。后来有一阵儿，公司开发新项目，天天加班到深夜，经常是小希下班的时候，地铁已经停运了。小希就跟男友商量，能不能开他的车去上班，免得深夜不好打车。

男友以小希开车技术不好为由拒绝了，并说道：“你开车出去，我这心哪放得下啊，万一出个什么事，我们以后怎么过。”小希一想，也就算了。

一天晚上下大雨，小希错过了最后一班地铁，等了十几分钟，也没有打上车，衣服全淋湿了，她几乎要哭出来，给男友打电话，问他能不能过来接她。男友支吾着说：“我开过去，少说也得二十多分钟呢，你再等二十几分钟，一定能打得上车的。”

衣服湿答答的，小希的心凉飕飕的。看着外面刮风下雨，他蜷在屋里，从没有想到去接还在加班的女朋友。类似的事情屡屡发生，小希终于明白，她要的，不是甜言蜜语，而是一个知冷知热、懂得心疼她的男朋友，而不是一个要把她从弱女子逼成女汉子的人。

于是，校草成了小希的前男友。她发誓要找一个温暖的男人，颜值不重要，家境不重要，关键是要心里时刻装着她。

小希已经明白过来，但还是有很多小女生，仍旧陷在语言编织的温柔乡里，逃不出来。感冒了他让你多喝水，而不是买了药给你送过来；天冷了他让你多穿衣，却想不到给你买个暖宝宝；他情愿窝在家里打游戏，也想不到去接晚归的你；他有抽烟喝酒的钱，却没钱给你买束玫瑰。

我曾经的室友，找了个开公司的男朋友，他全国各地出差，回京后，也总是和朋友聚会 K 歌，日程排得很满。偶尔一次，他会抽空陪女朋友，让她约上闺蜜，一起出去玩，这种时候，他确实很给面子，大把大把地花钱，整天陪着她们。

但大部分的情况，都是他出差回来，半夜给她打电话让她去他住的地方。我总纳闷，他就不担心一个女孩子半夜出门不安全？他就不能提前告诉她，今晚回来，她可以早点过去等他？

室友傻傻地开心着，说他一回来就想到自己，已经很难得了。可是，一个真正爱你的人，是会时时处处替你着想的，你的安全，你出行是否方便，是他应该放在第一位要考虑的问题。

只能耳听的爱情，不要也罢，等他用实际行动证明给你看，再捧出你一腔火热的情愫吧。“要么给我爱，要么给我钱，要么给我滚”，这句话听着有些简单粗暴，但细想想却是有些道理的。

如果一个人说喜欢你，请等到他对你百般照顾时再相信吧；如果他答应带你去一个地方，就等他订好机票再开心；如果他说要娶你，那就等他买好了戒指跪在你面前的时候再感动。

感情不是说说而已，做了才是爱。只说不做，谁都可以。

【8】这样的女人，嫁给谁都幸福

曾看着身边的两个姐妹，幸福地走进了婚姻的殿堂，后又流着泪从里面走了出来。想想她们结婚的时候，一群人围在身边祝福；可等到离婚的时候，陪在她们身边的，只有我们寥寥几个好友。

我也曾感叹，难道婚姻真的是爱情的坟墓吗？后来，我在观察了许多成功和失败的婚姻后，总结了一下，觉得以下几点是婚姻幸福的关键所在。作为女人，如果能做到这几点，那么不管嫁给谁，你都会幸福。

01　温婉不张扬，有韵味但不风骚

我曾经特别向几个男性朋友打听过，问他们心目中最中意的妻子是什么样的。这几个男性朋友，从身家千万的企业 CEO 到大学教师再到普通白领，他们的回答惊人得一致，归结起来，是以下几点。

◆ 不一定要多漂亮，气质好一些就行。因为脸蛋看久了，再美也不再觉得有多美。

◆ 必须有女人味。飞扬跋扈、举止嚣张的，是不适合娶回家的。

◆ 不能风骚。风骚的女人，只适合一夜情，不适合当妻子。

不得不说，这几个朋友确实有些“直男癌”。但是，如果你仔细观察身边的家庭，还真是这样，那些温婉内秀有韵味的女人，往往都过得很幸福。而那些扭腰摆臀、水性杨花的女人，往往开头过得风生水起，可到最后，很多落得曲终人散、凄清寂寞。

02　会持家，但也会花

会过日子的女人，并不是只会省省省，而是该节约的时候节约，该花的时候也绝不吝啬。

舍得舍得，有舍才有得。你舍了金钱，书房充实了、卧房舒适了、家居精致了、穿着体面了、人缘变好了，这些都是“得”。

我们在某些方面节省，但一定要在自己重视的地方花钱痛快点。比如，你喜欢穿衣打扮，新衣服、新鞋子让你心情舒畅，那么何乐而不为呢？买买买就是你赚钱的价值所在。

而有些太太，不太在意穿着，却特别在意家里的物件。她们很少去逛服装店，但家里的沙发和灯饰，必定价格不菲。

其实，把钱花在哪儿没关系，只要是你喜欢的地方就行。只会盯着银行卡上的数字，从来不舍得花出去的女人，一般总会在情调上差了点儿。但是，只会花花花，不会节省的女人，却有可能因为经济问题，夫妻之间发生矛盾。

03 浪漫，但不作

女人有一些浪漫的基因是极好的，因为毕竟生活不是演电视剧，平凡的日子难免有些单调。偶尔整些小浪漫，推陈出新，将白水一样的日子过出滋味来，也是极好的。

有智慧的女人，能把普通的日子过出浪漫的味道来。一起在厨房里做饭，周末携手逛个公园，下班时捎回的一盆水仙，睡觉前的一个晚安吻，轻轻悄悄，浪漫也能盈满每一个角落。

但是，过于浪漫，就是作了。烛光晚餐，一年来个两次也就差不多了吧；把孩子留给父母，说走就走的旅行也只能是偶尔为之吧。

所以把握好浪漫和作之间的差别也很重要，要浪漫，但不能作，俗话说“小吵怡情，大闹伤身”。

04 善解人意，但有底线

善解人意的女人，总是最受欢迎的。因为这种女人让人舒服，一切都站在你的立场思考问题，先你之忧而忧，替你未雨绸缪。

但是，太善解人意的女生，往往容易被男生“吃定”，因为他们能够找到很多的借口和理由，让你去理解他。在你一次次的宽容和谅解里，他们得寸进尺，愈演愈烈。

凡事都要有个底线。包容理解是对的，但绝不纵容。

前面说到的，我那两个离婚的好姐妹，有一个就是错在没有底线的包容上。他一次次的醉酒、一次次的夜不归宿，她总是觉得他工作辛苦，心疼他压力大，最后，他在又一次喝醉之后，躺到了别人的床上。

05　不做伸手党，有自己的收入

男人在热恋的时候，总喜欢说“我养你”。但是姑娘，如果不是万不得已，不要真让别人养。如果你实在觉得职场辛苦，短期辞职、修整一番重新上阵是可以的，但万万不可打算一辈子做金丝雀。

笼子里的生活固然舒适，但也限制了你的发展。男人在外打拼，整天看到的都是 OL 风的少女少妇，而你在家，穿着宽宽大大的家居服，头发简单地挽起，不施粉黛的脸整天都是一个样子。刚结婚的日子，也许他不嫌弃你，但时间久了，谁知道呢？

伸手要钱的日子，毕竟有些底气不足，赚得少一点没关系，但一定要有属于自己的收入。自己挣的钱，想买多少支口红就买多少支，想买多少双鞋子，随自己的心情。

而且，“给”是一个比“要”有尊严得多的字眼。偶尔给老公和公婆买个礼物，既和谐了关系，又赚得好人缘，老公的心里呢，也会觉得你是个独立有爱心的女性。

相信我，没有男人从心底里欣赏一个无所事事的女人。即使在孩子小的时候回归家庭做主妇，也要注意与时俱进不成为废物。

即使你真要“被养着”，也最好找一两项爱好，搞出点名堂来，或者参加一些公益活动，做点有意义的事儿。总之，要让他有为你自豪的地方。

具备以上这些优势的女人，必定能享受眼前的生活，也能立马诗酒天涯。聪明的男人，怎么会不珍惜你？

你应该听说过这样一个故事：奥巴马的老婆去买花，花店老板说：“你真幸运，嫁给了一位总统！”她微微一笑说：“我嫁给你，你也是总统！”好强大的自信！不是我嫁给谁我就幸福，而是我是谁，嫁给谁，我都幸福！

女人千万不要把幸福寄托在别人身上！女人的幸福，不需要靠男人给，但婚姻，却需要两个人的付出与维护。修炼自己，让自己会赚钱、会撒娇，还独立……你若这么优秀，嫁给谁都会幸福。

【9】他把你当女儿宠，你就心安理得地被宠？

网文界忽然刮起一阵风，“嫁一个把你当女儿宠的男人”，很多涉世未深的小女孩欢呼雀跃、竞相转载，似乎一夜之间终于知道了衡量好男人的标准，而且是放之四海而皆准的法则啊，她们想。

于是乎：“你都不送我限量版口红？你不够宠我！”

“你不愿意半夜三更去给我买抹茶冰激凌？你不够宠我！”

“你为什么不秒回我的信息？爱我的人，对我永远都有空！那才是宠我！”

……

不管你怎么迁就照顾她，若是一点小事惹她不高兴，她就会嘟起小嘴说：“哼，你不够宠我，就是不够爱我。”

我只想说，姑娘，醒醒吧。别作了，小心把身边的好男人作跑了，下一个情人节，你会哭着想他。

我先生是真的把我当女儿宠的，但是，我可不敢心安理得地作威作福。

他赚钱养家，工作辛苦，我有空就尽量给他做好吃的菜；他送我礼物，不管价值几何，我都真诚感谢；他主动分担了大部分家务，我偶尔会装模作样帮他按摩，虽然长不了，也就一两分钟的时间，但起码表明我是懂得感恩的。

西方男人浪漫，常常称呼女朋友或妻子是他的“小公主”。先生也这样叫我，但我心里明白，他像对待公主一样对你，你就得像对待王子一样对他。如若你整天高高在上，颐指气使，他能宠你爱你多久？

爱情也好，婚姻也罢，两个人首先得是两个平等的个体。用居高临下的态度对待伴侣，常常会让一段好的姻缘走到尽头。

古今中外，上下五千年，好的爱情总是你侬我侬、相亲相爱，哪有单方面一直付出就能成就幸福婚姻的？

他宠你，是他在乎你、心疼你。但你，也得有点回响。烟花易逝，人心会冷，不要太高估你的魅力。你一直傲娇着被宠，没有任何回应，时间久了，女神也会有被请下神坛的那一天。

被老公当女儿宠着的妻子，一定是有过人之处的。或者品貌极佳，或者特别努力，或者善解人意，或者才艺双全。

若是一无是处，老公凭什么宠你？

唐明皇宠杨贵妃，可谓千古传颂。家喻户晓的诗句“一骑红尘妃子笑，无人知是荔枝来”，典故“拜倒在石榴裙下”都充分说明了唐明皇对她的宠爱之甚。

但是，杨贵妃被宠，并不仅仅是因为她“回眸一笑百媚生，六宫粉黛无颜色”，她懂音韵，擅长歌舞，著名的《霓裳羽衣曲》，就是由唐明皇作曲、杨贵妃用舞蹈来演绎的。据史书记载：“杨玉环花冠白绣袍舞姿翩翩，她俯仰承合，腰肢细软。乐声越起越高，鼓点越来越密，那舞姿也越舞越急，只见鞋尖点点，分不出人影钗光，宛若细风回雪，恍如飞燕游龙。”因为杨贵妃完美诠释了唐明皇的得意之曲，他称杨贵妃为他的“解语之花”。

美人难得，懂你的人更难得。杨贵妃不仅肤如凝脂、风情万种，是唐玄宗绝佳的床伴，她更是他音乐上的知音、生活里的忘忧果。

李晨与范冰冰这对看上去“女强男弱”的搭配，在李晨眼里却全然不是如此：“她其实真的是个孩子，好多时候她在外面给人感觉很强，其实是一种气场和角色给人的印象。我以前接受采访时就开玩笑说她就是假装大人出去赚钱，其实回家后都是小孩。”

她在他眼里，就是个孩子，这是李晨宠范冰冰的方式。

但我们的“范爷”，哪有心安理得地被男朋友宠？在获得最佳女主角银贝壳大奖后，她在微博里发文“感谢我的李先生”，简单的一句话，说明她懂得李晨的默默付出。春节期间，范冰冰在北京台春晚录制现场台下，身穿薄纱裙仙气十足，与李晨比邻而坐，玉手轻轻放在男友腿上，十分亲密。两个人聊着聊着，“范爷”竟意外地露出了撒娇卖萌的一面，吐着小舌头的样子估计要萌坏了李晨。

爱情里没有大腕，没有谁弱谁强，范冰冰明白这一点。“我不嫁豪门，我就是豪门”，如此霸气的“范爷”，在李晨面前，也洗尽铅华呈素姿，甘做小鸟依人状。

连岳说：“爱情与婚姻变幻莫测，可是有一条基本原则：它是加法。也就是说，两个相爱的人，要比他们独立时更坚强、更有趣、更有力量对抗世界上的愚蠢，自然，也要有更多的快乐……爱与婚姻都不能让女性减去独立，让男性减去智慧，不能减去你们自己看重的价值，不能减去自己独特的生存乐趣。”

他把你当女儿宠，你可不能因此而被宠到不能独立。宠你，是因为爱你。如果你觉得这一切都是应该的，那离你失去这份宠爱的日子，也就不远了。

你可以嫁一个把你当女儿宠的人，但同时，也请你收起你的玻璃心和大小姐脾气。

他分担家务，你干脆饭来张口，衣来伸手，还居高临下地指挥着、挑剔着，再好的男人，也有受不了的那一天。

他省下钱来，给你买礼物，你就狮子大张口，要的礼物越来越贵。没有谁，喜欢一个贪婪的人。

独立与感恩，任何时候都是需要的，在爱情和婚姻里，也必不可少。最好的感恩，是回馈。

如果他把你宠成公主，你也应该把他当成王子来对待，因为，公主和王子，才是般配的一对儿。公主嫁给男仆还幸福得一塌糊涂的，毕竟是少数。

《诗经》里有这样的诗句：“投我以木桃，报之以琼瑶，匪报也，永以为是好也。”解释成白话就是：他送我的是红桃，我报他的是琼琚，琼琚哪能算报答，是求彼此永相好。

婚姻里，也需要这样的投桃报李。接受对方的好、学着为对方付出，婚姻就不会是爱情的坟墓，而是爱情蓬勃生长的温室。

【10】女人，就是要有底气地活！

昔日的闺蜜给我发来消息，说她离婚了。我有点惊讶的同时，觉得也是预料之中的事情。因为，在一个月前，她曾经跟我说过她老公劈腿的事，透露了她想离婚的念头，只是没想到这么快。

跟那些天天找人咨询自己应不应该离婚的不幸福女人不同，我这个闺蜜，从来没问过别人。生活里的小事，她很容易接受别人的意见，但这等大事，她的斩伐决断，往往都由自己深思熟虑了以后做出。

她自己有房子有工作，也有能力可以独自抚养孩子长大。如果过得不开心，为什么要将就？为了孩子不离婚，是最愚蠢的想法。

从她知道这件事到现在，短短一个月，面对彼此深爱过、同床共枕过的另一半，我能想象她的痛苦和纠结。也许她也曾努力去原谅，可实在是无力回天，过不去心里那道坎，干脆快刀斩乱麻，与其在一段婚姻中痛苦，不如抽身出来，何必要隐忍？女人，活得独立，就有底气。

说到活得有底气，娱乐圈里不乏这样的明星。

王菲，绝不要凑合的人生。离婚、与小男友复合，她总是让别人瞠目结舌，但她的私生活并不乱，每一段感情，都摆在明面上，绝不偷偷摸摸。

国民贤妻刘涛，嫁入豪门却遭遇丈夫破产、抑郁。她自创公司，复出拍戏，将药物成瘾、终日昏睡的爱人从生死线上拉回。未曾出身豪门，却救豪门于危困，身陷逆境和困顿，仍能逆转和翻盘。

范冰冰也曾说："从未想过嫁豪门，我就是豪门。"这是何等的霸气，简直帅呆了。

徐静蕾说："我什么都有，你有单纯善良和帅就够。"

这些女明星，不仅经济独立，且人格独立。人格独立，才是女人在爱情和婚姻面前，永远保有底气的王牌。

我并不是说选择"且行且珍惜"的马伊琍和选择"一家人风雨同舟"的谢杏芳，就不该原谅出轨的丈夫，就一定要离婚。如果真能做到大方谅解，将老公的过错一笔勾销，做到心里没有一丝阴影，换回一个顾家好男人，也是值得的。

只是，我做不到，大部分女人也做不到。

小说《飘》的结尾，白瑞德说："思嘉，我从来不是那样的人，不能耐心地拾起一片片碎片，把它们凑合在一起，然后跟自己说，这个修补好的东西，跟新的完全一样。一样东西破碎了就是破碎了——我宁愿记住它最好时的模样，而不是把它修补好，然后终生看着那些碎了的地方。"

对我来说，面对一段出轨的感情，如果我说我已经忘记，那我一定是在自欺欺人。出轨，只有0次和1次的区别。我可以忍受你懒、你丑、你打呼噜，但出轨，绝对是0容忍的事。

与其将来在生活中反复发作，以冷暴力惩罚彼此，倒不如一纸离婚证书结束来得痛快，长痛不如短痛。

一个读者曾经跟我说过她的故事：老公出轨，她打听到了酒店的地点，本打算去抓奸在床，却临阵脱逃了。她说，抓到又怎样？难道还能真离婚不成？真离婚了，我怎么办，孩子又怎么办？我工资太低，根本没办法养活孩子，判给他吧，我又怕孩子吃苦。

我听得火大："你可以要孩子，让他给生活费啊。"她嗫嚅着说：“离了我也没地方住，现在住的房子，是他父母买给他的婚前财产。”

不知道她现在到底离了没有，还是仍然凑合着折磨自己。同床异梦的日子，想想都忍不住打个冷战。

所以，女人一定要活得有底气！一份可以养活自己和孩子的工作，一个可以容身的地方，必不可少。如果可能，婚前买一套自己的小房子，吵架了，起码还有地方去。

除了经济基础，女人也一定要有独立的人格，有离了谁我都可以活的底气。而这些，一半来自财力，一半来自胆识。

不被一段糟糕的婚姻困住，不为了任何其他利益将就凑合，不接受带了杂质的感情……我们都要做有底气的女人。

第四辑

让自己变得优秀，是幸福的基础

【1】做一个被自己喜欢的女子

徐静蕾在微博上说："为什么我们要被教育做一个讨人喜欢的姑娘，而不是一个被自己喜欢的人？"

因了这句话，我对老徐的爱，又加了几分。是啊，我们干吗只知道去讨好身边的人，而不去主动地爱自己呢？学会爱自己，做一个被自己喜欢的女子，才会真的开心。

看老徐一边谈着恋爱，一边任性地做着自己。她不恨嫁，但未雨绸缪地冷冻了卵子，怕万一以后想要孩子；她给自己放假，并无限期延长假期，记者想要采访她，却摸不着她的影儿；她迷上了手工，没日没夜地做了很多包包和首饰，或自己戴或送好友或做义卖，玩得不亦乐乎；她带上闺蜜满世界疯跑，镜头里的她时而很二、时而邋遢、时而优雅，但无一例外的都是嘴角上扬，眼角眉梢都带着"世界真美好"的笑意。

她爱黄立行，也爱自己，活成自己想要的样子，成为自己喜欢的人，特立独行，不随波逐流。她还说："要是所有人都理解你，你得普通成什么样啊。"

记得小时候，妈妈经常说"你这样老师会不喜欢你的哦""叫阿姨，没有礼貌别人就不会喜欢你"等等，我们在这样的环境里长大，努力取得好成绩，让家长高兴，让老师欢喜；努力学着乖巧，让亲戚表扬，邻居夸奖。

电影《谁的青春不迷茫》里，林天娇一直是妈妈的乖乖女，从小到大的“理想”就是妈妈的目标：考上清华金融系。但当爱上学渣高翔以后，她渐渐地意识到，在自己一帆风顺的学业旅途中，她自己其实并不快乐。她像一个被牵着线的木偶，没有自己的方向。最终，她遵从了自己的内心，成了自己喜欢的那个女孩：学天文，走自己想走的路。

电影结束的时候，已经工作了几年的林天娇，那份对未来的笃定和对自己状态的满意，是她所有镜头里最美的部分。

辛弃疾有词云：“我见青山多妩媚，料青山见我应如是。”一个自我欣赏的人，感觉连青山都可以与他惺惺相惜、互相爱怜，这境界，也实在是不可多得。

其实，现实中，我们的身边也不乏这种人。

暑假回国，见到了久已不见的初中同学小荷。素面朝天，棉裙布鞋，喜欢古诗古琴的她，一有时间，就去参加西周私塾的诗词班，常常一个月，不露于市井。填词、推敲，研习茶道，品评琴瑟之音，过着“谈笑有鸿儒，往来无白丁”的生活。

她眼波流动，心思单纯，一颦一笑，仍如初中时一样纯净。她的世界，简简单单，完全没有尘世纷扰的感觉。我们一起逛商场，即使周围都是妆容精致的女生，她清水芙蓉般的脸蛋儿，清汤挂面似的直发，仍毫无压力地从一群人中脱颖而出。

一个平和的人，感受到的多是别人的善意；一个懂得欣赏自己的人，眼里都是美好。我们谈着职场的黑暗，她浅笑吟吟，说她的工作虽然繁复，却也并不无趣。

我们完全猜不到，她的职业竟然是会计。一个整天和数字打交道的人，却能在业余时间全身心地沉浸在诗词歌赋里，想想都佩服。

但她说：这有何难。生活本就是多元的，去做自己喜欢的事，内心才丰盈充实。

事实上，只有你对自己满意，浑身散发着积极的正能量，别人才会被你的气场吸引。

我有个学生韩，身材高挑，相貌姣好，且弹得一手好钢琴，班上有好几个男生，都偷偷地喜欢她。可是初三的时候，她开始长青春痘。

一个原本意气风发、走路都要甩一甩头发的女孩，自从长了痘痘以后，上课都不愿意抬头。老师提问的时候，她也下意识地用手遮着脸，生怕同学们的目光落到她的脸上。

其实，大家并不怎么在意，因为这个年龄，长痘痘本属正常，加上她自带的光环效应，基本可以忽略不计。

但是，她却越来越讨厌自己的那张脸，越来越不自信。后来学校举办红歌大赛，我让她当主持人，她死活不干地央求道："老师，求你别让我上了。你看我这个样子，哪能见人啊。"即使我们告诉她，那几个痘痘真的无伤大雅，她最后还是放弃了这个机会。她自己虽也觉得可惜，但却拒绝得毅然决然。

越是在意，就越是想去拾掇，后来，别人的青春痘都消了，她脸上的痘痘却还固执地不肯离去。她也变得越来越沉默，不参加任何活动，总是一种拒人千里之外的感觉，同学们也渐渐跟她疏远了。

当你自己都不喜欢自己的时候，别人怎会喜欢你？

人都有一种本能：远离消极负面的东西。若你对自己一万个不满意，全身上下都透着萎靡，别人自然也就会绕道而行了。

养老院里的老人，越是喋喋不休地抱怨的，身边越是没有来探望的人。那些热情开朗、对生活充满兴趣的，总会有人愿意跟他来往。

所以，从今天开始，让我们做一个被自己喜欢的女子吧。

你可以像徐静蕾一样，独立而强大；也可以像小荷一样，温暖而朴实。你可以做一个智慧的女子，收敛锋芒，虚怀若谷；也可以做一个淡然的女子，得之我幸，失之我命。

总之，只要是你自己喜欢的样子，都好。清淡如水抑或明媚如花，小鸟依人抑或浪迹天涯，全凭你的心意。

【2】有一种“虚度”，也是幸福

庄子曾说：无用即有用，无用之用是为大用。

Linda 是个心灵手巧的上海女孩，情人节烤蛋糕、端午节做粽子、中秋节烤月饼、冬至日包饺子……总之，只要是个节日，她必定能整点什么出来，而且还像模像样。

“国庆节吃什么？”10 月 1 号那天，她在群里这么问了一嗓子。我哑然失笑，心里想着，真是吃货一枚，国庆节也得跟吃联系起来。

Linda 提议，这国庆节咱们是不是也应该聚一聚，虽身在海外可咱们毕竟是中国人啊。于是一呼百应，很快确定了时间、地点、人数。

10 月 2 号那天，我们聚在一个闺蜜家，叮叮当当地做起了各式中式菜肴。蒸、煮、炒、炖，忙得不亦乐乎。几个老外男家属表现得十分欢乐，因为一屋子女人忙着烹调，没人去啰唆吩咐他们，他们在一边儿聊得那叫一个热络。

八个女人，在厨房里大刀阔斧地忙了两个半小时，才把八道大菜端上桌。南方菜、北方菜，鸡、鸭、鱼、肉、海鲜、沙拉，应有尽有，再加上大家带来的甜点和小吃，长长的桌子摆得琳琅满目。

边吃边聊，吃完还接着聊。等我们终于决定辞别主人回家时，已是下午六点。

开车回来的路上，我说今天一天都被我虚度了，没写文章，读者留言也没回复。

先生认真地问我："你今天开心吗？"

"自然是非常开心啦。这样的聚会，玩得舒服、聊得尽兴。"我答道。

"那你为什么还觉得虚度了呢？快乐的时光才是你生命中最有意义的瞬间。"他像个老学究，盯着我问。

我虽没有回答他，但心里开始感叹。是啊，每一个特别开心的日子，看起来好像是被我们无所事事挥霍掉的时光，如在沙滩上晒太阳，在红叶飞舞的林子里漫步，和三五好友在阳光里就着咖啡的香气闲谈，一个人坐在客厅里听着音乐发呆……

我们觉得，在这些时间里，我们没有挣钱，没出成绩；也不像健身和旅行，或强壮身体或增长见识。这些时间，因为没有付出努力和汗水，过得太过舒服和轻松，所以潜意识里，我们会觉得这些时间，被我们无谓地消耗掉了，觉得有些得不偿失。

可其实，正是因为这些看似无用的时间，愉悦了身心，帮助我们获得快乐，也使疲倦的大脑得以修整，让一些清新的东西涌入身体，促进我们身体的新陈代谢，激发我们的潜能，给我们以灵感，让我们的创造力也得以提升……其实，十分有用。

高中的孩子，只要一放下书本，很多父母就会觉得，他们是在浪费时间。殊不知，捧着书本却学不进去的时候，才是浪费。与其装模作样地学，不如痛痛快快地让他玩一会儿，因为大脑也需要休息，休息好了，才能提高效率。

我曾经带邻居的孩子去看朋友的个人收藏，满满一屋子的各式枪支，从“二战”以前的到最新的款式。苏联的、中国的、朝鲜的、美国的，那个十六岁的孩子能一一说出名字来。停车的时候，我倒车技术欠佳，他指导我什么时候往左边打半圈，什么时候往右打满，按他的指导，我果然把车稳稳地停在了恰当的位置。问他，才知道这些武器的名称还有开车停车的技巧，他都是在游戏里学来的。

你看，即使是玩游戏，也并非完全是虚度光阴，也还是能学到许多有用的东西的。

记得当年我上中学的时候，特别喜欢读课外书。母亲大人每次骂我，都说我“尽看些没用的”。“这些东西，能帮你考上好大学吗？你以后能靠这个生活吗？”她总这样质问我。

确实，那些课外书，没有帮我考上好的大学，我至今也不能靠写作生活。但是，看课外书让我成为现在这样的自己：懂得感恩，热爱生活，也坦然接受生活的挑战。看课外书还让我喜欢上了写作，丰富了我现在的生活，也帮助我认识了很多志同道合的朋友，让我的生活更斑斓。

在作者群里有一位化学老师，他的学生们非常喜欢听他的课。因为他的课不仅有趣，他还总能信手拈来、旁征博引，把深刻的道理浅显地讲明白、讲透彻。可是据他说，当初他在写毕业论文的时候，还在看莎士比亚、狄更斯，被老师批评“不务正业”。

有些被我们“糟蹋”了的时间，并非没用。我们享受了那时那刻，并且在未来的某一天，它还会在我们的生命里显现出来。这不像你这个月工作，月底就能拿到薪水那么立竿见影，可也不像你一个月的薪水那么容易被挥霍掉。

我们“虚度”掉的时光，和我们吃过的饭、读过的书、走过的地方一起，藏在了我们的气质里，让我们成为自己这样一个独一无二的个体。

其实，无用与有用，也都是相对的。在沙漠里行走，一杯水的用处，比一颗钻石的用处更大。在荒岛上，一个硬币要比一张一百元的纸币有用一百倍。

书的用处，本是传承文化。可在电影《后天》里面，冰河时代到来，一群藏身在纽约图书馆里的人，为了活命，把图书馆里各种珍藏的版本的书扔进壁炉里，燃烧的书本发出的熊熊火光拯救了他们。

所以，不要总是纠结于有用和无用，多抽出一些时间，会会老友吧，天南地北地胡侃就好，说说体己话儿，聊一下最近的八卦，笑话对方的新发型，自嘲一下最近的糗事。

有可能就回去陪陪爸妈吧，他们渐渐老了，赚钱的日子以后还多，而陪伴他们的日子却越来越少。

再忙，也别忘了你的那一位，和他（她）一起散步，一起看星光满天，一起靠在栏杆上，一起看水里的影子。最好的时光，应该和恋人一起虚度。

我们也不用总去责备自己浪费了时间，养几盆绿植，空闲的时候浇浇水；辟一处庭院，剪枝、修草、堆假山；周末美美地睡上一个懒觉，醒来后慵倦地泡上一杯热茶，听百合静静地开放，看蓝天上云卷云舒。

在压力大的日子里，放空自己，是对自己最好的疼爱。

读一些无用的书，做一些无用的事，花一些无用的时间，来调节一下繁忙的工作、单调的生活。也是为了在一切已知之外，保留一个超越自己的机会，因为你永远也不知道，那些“无用之事”，将来会给你的人生带来多么了不起的变化。

其实，那些被我们“虚度”的时光，有可能是最美的、最有意义的。

【3】有脑的女人，才能活得高级

总有些女人，能在逆境中脱颖而出，大放异彩。

荷兰王后马克西玛，是我非常欣赏的女性。她有极佳的公众形象，没有任何负面新闻，作为国母、作为三个女儿的妈妈、作为荷兰对外的形象大使，每一个角色，她都游刃有余。

可她与荷兰国王威廉·亚历山大的爱情，一开始并不是一帆风顺。尽管马克西玛也算是阿根廷名门之后，但由于其父亲在政界上的巨大负面影响，使得她跟王储亚历山大的爱情在荷兰社会饱受争议，荷兰政府甚至要求王子在江山与美人之间做出选择。

面对不被接受的窘境，马克西玛没有任何微词，她相信自己的诚意和纯粹的爱情，可以打动民众。她辞掉银行的工作，只身来到比利时布鲁塞尔，潜心学习荷兰语。亚历山大被她的信心打动，深情地表示：“宁可放弃王位，也要与她厮守。”

一年半后，在亚历山大的争取下，当时的贝娅特丽克丝女王亲自出面，向全国宣布这一婚事。在大婚前，马克西玛用一口标准流利的荷兰语公开发表演讲，声情并茂，荷兰民众面对这样一位既勤勉又聪颖的未来王妃，赞誉有加。智慧的马克西玛，以现代知识女性的形象，很快被荷兰民众接受。

马克西玛并非童话故事里的“灰姑娘”，她家境优渥，曾在美国留学，毕业后在纽约一家德国银行工作。优秀的女性，通常也更心高气傲，但是，在爱情受阻时，她没有抱怨，没有怀疑自己的选择，而是脚踏实地地去解决问题，用自己的努力和人格魅力去感化别人。

做了王后的马克西玛，在荷兰民众心目中的形象节节攀升，她积极参加公益事业，并热情投身到国际金融研究中。她不仅是国王的贤内助，更是女儿们的好妈妈。

马克西玛的人生，为什么能一直像开了挂？认准目标，披荆斩棘地前行；遇到挫折，不抱怨不放弃；从不后悔自己的选择。这些，就是她能活得高级的原因。

我们许多女孩，没有马克西玛那样的出身，却还不愿努力，天天做着偶遇霸道总裁的美梦。醒醒吧，霸道总裁也不总是看脸的。有颜值，或许可以让他停下来，但能不能让他留下来，取决于你是否有“脑”。

如果马克西玛浑浑噩噩，不努力、不上进，不去读金融学校，她或许也不会有机会认识当时的荷兰王储亚历山大。就算她凭着“名门之后”，混进上流社会，结识王储，王储也不一定能爱上她。亚历山大可不是轻浮的纨绔子弟，单纯的漂亮，俘获不了他的心。

同样贵为王妃的凯特，单看颜值和气质，在英国，在当年那群想追威廉王子的姑娘当中，实在不是特别出色，何况，凯特出身平民家庭，父母都是商人。而凯特在这场爱情守卫战里，却实在是有脑一族。

为了拿下威廉王子，凯特在学校的慈善秀场走秀的时候，大胆地选择了一袭透视装。这个决定泼辣果敢，但也冒着风险。当走秀之后，威廉王子缠上她，要“壁咚”她的时候，她竟然把王子推开了。

这一招欲擒故纵，彻底地迷住了王子，王子爱上灰姑娘，两个人过了几年甜蜜的小情侣的生活。2007 年，凯特被王子“劈腿”，她果断发出最后通牒：要么订婚，要么分手。

王子选择了分手，聪慧的凯特，并没有在被分手后呼天抢地，而是美美地笑着面对媒体。她说，有你在，我很开心；没有你，我也可以活得更好。许是她自信洒脱的魅力，让王子回了头，恳求重修旧好，于是才有了后来轰动全球的世纪婚礼。

凯特在收获爱情的同时，也捍卫了自尊，过上了自己想要的生活。她知道自己值得更好的，所以当初拒绝了一众追求者；她想要王子的爱情和皇室的光芒，但她有底线，不强求，该放手时就放手。手里的沙子，攥得越紧，越容易漏掉，不患得患失，反而更牢靠。

从平民家庭走到上流社会，从灰姑娘到王妃，凯特自然不仅仅靠颜值，她在学校门门功课都是A，是学校曲棍球队队长，还是网球第一双打。英国前首相戴维·卡梅伦曾说，凯特是闪亮的、迷人的、伟大的、才华横溢的英国大使。

斯嘉丽·约翰逊主演的新片《攻壳机动队》，上映两天，票房就超过了1亿，这个"全世界最性感女人"，也并非一帆风顺。

她身高没有优势，只有160厘米，由于体态丰腴，曾被嫌弃有些过于壮硕。但斯嘉丽并不在乎，坚持做自己，绝不为了讨好大众而减肥，她说，健康才最重要。当然，如果需要做体能训练，她一定坚持到底。

做自己，反而让她深入人心。有人评价斯嘉丽说："她漂亮，像个花瓶。但她是个坚持做自己、率真自信、冷静优雅的'花瓶'。"

斯嘉丽的婚姻，也并非一帆风顺，2017年，她与丈夫通过法律程序和平分手。但她很快就走出了婚姻失败的阴影，还大度地与前夫一起，在巴黎开起了爆米花店。

从演员到导演，再到她的店铺，一切都有条不紊。

不只是王后王妃，任何一个女生，想要活得高级，就必须要有头脑、肯努力，一味依附、做攀缘的凌霄花，借别人的高枝来炫耀自己，只会摔得很惨。

在我收到的读者留言中，有一个叫Amy的南方姑娘。因为肤白貌美，在大学社团活动时，被一个富豪看上。对方暗示她，只要答应跟自己在一起，就给她北京的一套房、一辆她心仪的车、毕业帮她安排工作。

这个富豪，外形不差，也有品位。Amy本来就有几分喜欢，想想自己的专业，将来就业也十分艰难，头脑发昏，就答应了下来。

富豪也没有食言，买了一套四环外的房子、一辆Amy喜欢的路虎，还利用关系将她安排到一家报社当编辑。他给了她很多疼爱，唯独给不了的，是名分。因为，他已婚。

一开始，Amy觉得挺好，房子车子有了，自己的随身物品，总让办公室里的姐妹羡慕，即使是那个挑剔的主编，也常常看着她时兴的衣服和包，挪不开眼睛。Amy的心里，还总有些窃喜，觉得自己当初的选择是对的。

但是，当同学、同事里的年轻女孩，一个个相继结婚，每每看着她们幸福地走进婚姻，在祝福别人的同时，她心里也有深深的失落：自己这辈子，恐怕是没有机会来一场属于自己的婚礼了吧。

“每次路过婚纱店，我总盯着那些白色的婚纱看。内心的悲哀，多了一层又一层。”Amy说。但是，毕竟是有爱情的，她选择了留在他的身边。

后来，报社有一个去南方城市驻点半年的任务，Amy主动请缨，她想念南方润湿的气息，觉得能回到离家近的地方一段时间，挺好。

可富豪勃然大怒：半年？开什么玩笑？我是让你留下来陪我的，

工作只是怕你寂寞。谁稀罕你挣的那点钱?你还真把这份工作当成事业来做?

Amy 觉得他不理解自己，原来自己的职业，在他眼里就是完全没有意义的事。而这件事只是个引子，后来，此类事件频频发生。只要 Amy 想要去哪儿玩，必须得他有空，否则不能跟朋友同事出去，他借口说，不放心她的安全。

“我感觉自己成了他养的小猫小狗，完全没有了自由。想过离开他，但一起生活了几年，再分开，又心疼不舍。”Amy 直到如今，还在犹豫，想冲破藩篱，又下不了决心。

我不知道将来 Amy 的生活会怎样，但不自由，毋宁死。且不说她的生活轨迹被限定，职业前景受拘束，选择一个有家室又不肯为你离婚的男人，就是没用脑的结果。

把日子过得活色生香，是需要智慧的。不管你遇到的是王子还是普通人，不管他是高富帅还是工薪层，作为女生，我们必须做到的是，不因为爱情而卑微。不迷茫、不依附、有自尊，这就是你的底气。

真正对的人，不用你跑得很累去追，也不需要你踮起脚去够他的高度，更不会用条件去限制你的自由。

敢于争取，也敢于放弃。有脑又独立的女人，活得才高级。

【4】上二流大学，也能过上一流生活

“你是哪个学校毕业的？”

“×× 大学在读呢。”

“额，那学校在什么地方啊，从来没听过。”

“嗯，确实没什么名气。就是个二流大学吧……可能二流都算不上。”

喵小姐跟我吐槽，她在某平台认识了一个作者，两个人聊得挺投机，随后讲到了毕业院校，就出现了上面这段尴尬的对话。

喵小姐把那个作者的名片发给我，简介上赫然写着国内某顶尖大学的名字，自豪感迎面扑来。可看了看文，跟喵小姐的不相上下。

喵小姐其实根本不必觉得尴尬，二流大学怎么了？二流大学毕业，一样可以过一流人生！前提是，你要能把握好大学这四年。

我们不得不承认，那些考上一流大学的同学，在智商、勤奋、坚持、细心等方面，至少有一点，是强过我们的。而且就目前来说，确实与我们站在了不同的起跑线上，这就像接力跑，他们在前几圈里，确实是超越了我们一大截。

但是，人生却不是接力跑，人生是马拉松。暂时的落后，还决定不了我们的未来，只要我们咬紧牙关，奋起直追，超过他们，也是完全有可能的事儿。

从现在开始，把握好大学四年的时光，是你开始这场追逐的第一步。那么，如何让这四年，成为你人生中最重要的日子呢？

01 发现所在大学的优势

我当年就读的学校，既不是211也不是985，但我深深地为我的母校自豪。我眼里的母校，有很多其他学校没有的天时地利：我的母校素有“小联合国”之称。学生来自世界各地两百多个国家，想要学习英语、法语、德语、西语，甚至越南语、泰语、阿拉伯语，你都可以找到讲该语言的人进行练习，这简直是得天独厚啊。想要赚钱，就去咖啡吧或小商店门口贴个纸条儿，陪老外练习中文，分分钟就赚了零花钱。

而且学校虽小，曲水流觞，也不失雅致。喜欢晨读的人，可以去“万国墙”旁边，坐在石凳上，看小荷才露尖尖角。喜欢运动，我们的体育馆里有普拉提、瑜伽、伦巴等各式课程。

其实，看学校就像选对象，情人眼里出西施，你去欣赏她，就处处是优点。所以不管你是因为高考失误还是其他原因来到这所大学，说明你跟这所学校是有缘分的。既来之则安之，静下心来爱这个你将要生活几年的地方吧，然后开始在这里启程、奋斗，为你将来开挂的人生拉开序幕。

02　学好一门特长，为找工作做准备

大学里的课程，不能说没用，但起码也不是门门都有用。找一门自己感兴趣又擅长的技术或专业，去学习、去拓展、旁征博引、学深学透。这样等到找工作的时候，你就有了一般刚毕业的学生没有的优势：一技之长。

当时我们班有一学霸，理科超好，在我们一群偏文的人里面，她的统计学和测试学一直遥遥领先。学霸不仅聪明还睿智，她选定了测试这个方向，兢兢业业、上下求索，在导师的栽培和她自己的努力下，还没毕业就成了这一领域的行家里手。在我们留在国内的同学里，她找的工作是最好的：国家公务员考试命题组。

几年过去，她现在也已成为组里的骨干，分析数据，推导结果，她会的，很多人不会。现在的她戴着胸牌各处飞，出差时都是专家的身份，这个时候，就算有人问她，是哪个大学毕业的，她会窘迫？

另一个同学，不喜欢理论研究也不喜欢分析数据，她就喜欢教

学。上学的时候，她就去附近高校兼职，暑假参加哥伦比亚大学在北京的汉语教学活动。毕业后，她申请去美国读书，由于有当初哥伦比亚班的教学经历，她被破格录选到哈佛大学教中文。屈指一数，她在哈佛，现在也有四年的教学资历了。

也许你会说，你说的这些，都是有自身优势的。学测试的那个，得理科棒啊；教学的那个，普通话要标准，形象要好，也要有教学天赋吧。

是的。不根据自身的优势，盲目地努力，成功的概率很小。那就首先分析一下自己的优势吧，做生活中的有心人，你一定会找到适合自己的路。

我还有一个山东籍的男同学，他喜欢演讲和写作。教学中，他记录下外国人说汉语的种种错误和趣事，三年前集结成册，又请了一个漫画家配了插图。刚毕业没几年的小伙子，他的第一本“处女作”就火爆了对外汉语圈。今年，他的第二本书也已出版，仍然是基于他平时教学的积累，中央电视台 12 套还对他做了专访。

读大学，跟学手艺是一个道理。有了一技之长，还愁过不上你想要的生活?

03　涉猎可以广泛，但要分清轻重缓急

十八到二十二岁，正是向往诗和远方、荷尔蒙分泌旺盛的年纪。浪漫而多情，是这个年龄的特征，所以我一向支持在大学里谈一场轰轰烈烈的恋爱。但是，恋爱也好，旅行也罢，我们都得记住，我们的首要任务是什么。挂科永远是可耻的，要尽量避免。

你可以既喜欢组乐队，又愿意加入社团；你可以足球、篮球、橄榄球都涉足，但是，也要有重点。

我一个朋友，大学期间，考下了几乎所有可以考的证，但毕业的时候竟然还是不知道何去何从。一堆证件在手，却没有一样拿得出手，像她这样，就是没有分清重点。有时候，博而不精并不是好事，门门乐器都学，不如只学一种，学到最高级别。

如果你想给自己的特长加分，那么，学好英语吧。不管将来从事的工作会不会与外国人打交道，在世界联系越来越紧密的今天，英语总是有用的。就算你将来查找资料都有助理，出国的时候总不能随身带个翻译吧。

04 考研，去一流大学

我家亲戚的孩子，高三时十分刻苦，可最终，还是只考进了一所二流大学。对此这个好强的孩子一直耿耿于怀，决心要通过考研，突现一下自己的名校梦。

事实证明，这条路是行得通的。很多名不见经传的本科院校的毕业生，考研去了清华、北大、人大。虽说最后找工作的时候，就业单位也会看本科学校，但有一纸烫金的名牌大学硕士毕业证，本科学校的影响就会降到最低。

想考名校的研究生，你在本科阶段就必须很努力，也就是说，大学里，你又进行了高考之后的第二轮拼搏。所以你的大学，不能是坐吃等死的日子，不能是游戏的天下，更不能只是花前月下、卿卿我我的时光。其实，在图书馆里谈恋爱，感觉也是不错的。

刚刚获得诺贝尔文学奖的鲍勃·迪伦在歌词里写道：大学就像养老院，而且事实上，更多人死在了大学里。

我们上的是二流大学，就得把大学当成训练营。这样，我们就能踏过那些把大学当养老院的人的尸体，达成我们的目标。

上的是二流大学，也可以过一流生活！除非你自甘堕落，就愿意拿着二流的薪水，混混沌沌地混日子。

【5】聪明的女人，懂得适当让步

四年前，悠悠生日那天，约大家一起去海边玩。25摄氏度的气温，阳光充足，真是一个美好的日子。

我们去浅海里捡贝壳、在湿漉漉的沙滩挖坑埋人，正玩得不亦乐乎的时候，悠悠却跟老公吵了起来。两个人谁也不让谁，弄得大家兴致全无、尴尬收场。

好不容易把他俩劝开，拉着悠悠跟我们去吃饭，她却苦着脸说没有胃口。后来我们才知道，起因就是悠悠老公不小心把装水果的食盒里弄上了沙，她老公也道了歉，但悠悠觉得，她精心准备的水果沙拉，没办法给姐妹们吃了，所以觉得特别窝火。

原本并不是多大的事，退一步海阔天空，可悠悠一较真儿，不仅影响了大家的心情，也糟蹋了她自己的生日派对。老公准备好的生日礼物，拿出来的那一刻，也少了欢腾。

悠悠其实是爱她老公的，诸如此类的争吵以后，她的心情也低落到了极点。她说，其实她也知道，当她揪着老公的小错误不放的时候，那种感觉，就仿佛两个人一起纠缠着跌入地狱。

经过多年的磨合，如今的悠悠，已经深谙夫妻相处之道："他什么都好，就是毛手毛脚的，经常会打翻调料瓶，会误删了重要的文件。说不生气是假的，但现在我会控制自己，多想想他的好，谁还没个小毛病什么的。”“其实，事后想一想，有些争吵和伤害，都始于鸡毛蒜皮的小事。好多事情，也都没有那么重要，人生除了生死相爱，也都没什么不得了。”我特别高兴看到悠悠的成长。

是啊，人生除了生死相爱、除了健康平安，哪有什么大事？两个人相处，我们磨一磨自己的棱角，收一收身上的刺，甜蜜喜乐地在一起，多好。

小时候，我经常跟母亲说：“您就像水，父亲就像石头。”母亲嗔怪着笑：“这丫头，天天总有奇奇怪怪的想法。”其实，我的想法一点也不奇怪，父亲脾气暴躁，是点火就着的那种。而母亲，总能四两拨千斤，父亲的暴脾气，每次都能被母亲的无敌绵掌轻而易举地化解掉，一边还怒气冲天，一边就无声无息了。

那个时候，我就特别佩服柔弱的母亲。在我眼里，父亲就像坚硬的磐石，而母亲就像绕石而过的涓涓细流，轻盈愉悦。她没有选择冲撞，因而从小到大，在我们家里，很少有“乱石穿空，惊涛拍岸，卷起千堆雪”的激烈争吵场面，有的总是“和风细雨不须归”的小小口角之争。母亲也并不是忍气吞声，她只是用她的方法，以退为进，而最终达成的，往往是母亲的主意。

经历了文章出轨的马伊琍，复出的时候，讲了这么一段话：“其实生活当中，还是要有一些互相的谦让和一个妥协的过程，生活当中很难两全其美，还是要在适当、正确的时间，做正确的让步，我觉得这个是对的。”

当初一句“且行且珍惜”，就显示出这个女人的大度和不寻常，后来，文章用实际行动证明，马伊琍的让步是值得的。去年六月，在给马伊琍庆生时，文章再次跪地求婚。马伊琍用自己的退让和谅解，换回了一个充满真情的完整的家。

我们需要活得有底气，但也不能一味冲撞，该退步时，适当退步，只要你能翻篇，不耿耿于怀，又有什么不可以。

谁的人生，都不可能一路坦途，感情上、工作上，其实都是一边做着选择，一边不断妥协的过程。适当的妥协，可以减少不必要的麻烦，让生活更加简单美好。

聪明的女人，懂得“家和万事兴”的道理。生活中，有一些妥协和让步，其实潜藏着的，是深情——我想要跟你，把日子有滋有味地过下去。

舒淇其实也是一个有智慧的女人，在经历过两次感情危机之后，她原谅了别人，没有戾气冲天，而是跟命运做了妥协：好好爱自己，相信总有一天，有一个人，会不计较自己的过去，跟现在的自己，好好相爱。

老家小镇上有一户人家，男的工作十分辛苦，但女人在家穿金戴银，打扮得花枝招展。她的“工作”，就是吃饭、散步、打麻将。

夏天晚饭后，这个二十四孝好男人累了一天，还毫无怨言地提着篮子去河里洗衣服；而女人呢，早已经和几个人支起了麻将桌，喝着茶、吃着点心、搓起麻将来了。

男人并没有丝毫怨言，等他全部忙完了，就拉条小板凳过来，拿出从书店租来的书，蘸一下口水，翻开他上次看的那一页。我猜那个时候，才是他最幸福最宁静的时光吧。

偶尔，女人会喊他帮大家续上茶。他答应着，依依不舍地把书往一边放，眼睛兀自盯着书，又看个一两行才缓缓站起身来，女人骂他“书呆子”，他乐呵呵地也不辩解。

某天，这个我们眼里的好男人，突然罢工起来，他阴沉着脸，什么家务也不做，话都懒得跟女人说，哑巴了似的。原来是女人嫌他有空就看闲书：“看这些虚头巴脑的东西，又不能挣一分钱！纯粹瞎耽误工夫。”她把他借来的书，一股脑儿扔进了煤炉里，烧成了灰烬。

那个时候的我还小，不过，我从母亲那里，也多少得了些真传。我悄悄地跟她说：“大姐，你看看你多划不来，你这一烧，也没人帮你做家务了。他看书，不比他天天去跟大姑娘小媳妇唠嗑好？不比打麻将输钱好？不比整天在外面喝酒你都找不到人好？他已经够好了，你就不能忍让一下他这一个小毛病？”

那个大姐，虽然没读多少书，但也是个“心较比干多一窍”的主儿。听我说完，觉得有理，不知道使了什么招儿，又把男人给哄好了。从此两个人读书、麻将互不干扰，和和美美地过着小镇上人人羡慕的悠闲生活。

当然，妥协不能没有限度。每个人都会有自己的原则和底线，在不碰触到底线的情况下，在能坚守原则的尺度里，退一步，或许就是柳暗花明，那何乐而不为？

做女人，就要做水一样的女人。在家庭和社会生活中，遇到困难，迂回前进。跟爱人、跟自己，对社会、对习俗，不盲目逞强，不轻易宣战。

毕竟我们的目的，就是做一个温婉的女子，过幸福的生活。

【6】试一下，又不会怀孕

周末看《美国好声音》，导师 Miley Cyrus 给我留下了深刻的印象。这个被台湾媒体封为搞怪小天后的影视歌三栖艺人，之所以能在美国迅速蹿红，除了天赋和努力，还有很重要的一点：为了目的，她尽力争取一切机会。

盲选阶段，一个唱功强、长相好、台风佳的女孩儿，上台前接受采访时已经表明，她非常希望成为 Blake 的学员。当她看到 Blake 为她转身时，激动到泪目，但同时转身的，还有 Miley。

Miley 看到那个女孩的时候，愣了一下，觉得她的形象气质，太适合舞台了。估计在那一刻，她就强烈地想要拿下这个女孩，让她加入到自己的阵营来。可是，Blake 是自己强劲的对手。

在导师的自我推销之后，她毫不犹豫地走上台，要求跟女孩一起合唱一首歌。唱歌的同时，她大方搞怪，做出各种可笑的动作，衬托出女生的主角效应，在观众情绪大好的时候，她拥抱女孩，轻轻在她耳边说：选我吧，你不会后悔的。

而女孩也真的改变了初衷，选了她。当室外主持人问女孩为什么做出这个选择的时候，女孩说："我喜欢这样的 Miley，她让我觉得轻松，我相信她会在我未来的音乐之路上给我最适合的指导。"

Miley 知道自己想要什么，就去争取。即使女孩最后没有选她，尽力了，也不会遗憾和后悔。

爱情也是这样。现在的年轻人，大部分都很勇敢，喜欢谁就表白，接受了皆大欢喜，被拒绝了也没关系，我喜欢你而已，又不是什么丑事。

我特别欣赏这样的态度。暗恋，真的就是一场一个人的兵荒马乱，你在这儿风雨欲来、要死要活，人家那厢却云淡风轻完全不知情。你一直纠结着、痛苦着，最后还完全没有结果，岂不是太不划算。所以好歹也要暗示一下，死也要死个明白，而且要是万一成功了呢。

我们的写作群里，有一个女生特别保守。她喜欢上了她的男闺蜜，几年如一日，男生居然都不知道，因为她总是在他面前表现得很女汉子，一副不需要男人怜爱的样子。我们恨铁不成钢，骂她活该单身。

我跟她说："我喜欢的男生，起码他们都知道我喜欢他们。初中的时候太胆小，喜欢一个人没敢表白，前几天终于联系上他，还是告诉他我当初暗恋过他了。"

那个保守的女孩被触动了，第二天跟男闺蜜一起打球的时候，脸憋得通红："既然咱俩都没对象，要不，我们在一起试试？"

男生惊讶以后，回过神来："你咋不早说？一直以为你看不上我呢！这么合拍的人在身边，我干吗还死乞白赖地去找别人？"

表白成功。你看，试一试有什么关系，又不会怀孕。

记得当年，好友陶陶拉我考研时，我哑然失笑地说道："像我这种没有专长的人，可以考什么！"后来，她陪我去学校的电脑房里查专业，严肃地跟我说："法律硕士你可以的，你记忆力好；汉语言文学你完全没问题啊，你正好喜欢读书；英语专业你也可以考虑，你不是学过英美文学之类嘛。"

我的英语，属于半路出家；汉语言文学，也没系统学过；法硕吧，看到备考的同学一大摞厚厚的 8 开本，我都冒冷汗。于是，犹豫了一个暑假，也没有下定决心。

在开学的时候，跟班长聊起来，他一脸认真地说道："不去试试，你怎么就知道自己不可以？你一向很自信的啊！怎么这个时候反倒自轻自贱起来。我觉得你行，我看好你。"

在班长和陶陶的半忽悠半鼓励下，我终于下定决心试一下。之后，班长去安大给我买了考研要用的书，陶陶每天拉我早起、晨读，去自习室给我占位，并且督促我网上报了名。

在努力了几个月后，我居然撞了大运：不但考上了心仪的学校，而且是公费。可以毫不夸张地说，班长和陶陶对我的鼓励，以及我自己的争取，改写了我整个人生的轨迹。真的幸好听了他们俩的话，不然我试都没试，就否定了自己。

当然，争取并不都像 Miley 得到一个学员那么简单，有些争取，是需要你付出大量汗水和精力的。正如罗曼·罗兰所说：没有一次争取是一劳永逸地完成的。争取是一种每天重复不断的行动。人们必须一天又一天地坚持，不然就会幻灭。

做大事的人，必须要有百折不回的毅力。

美国总统候选人希拉里·克林顿和唐纳德·特朗普之间，经过一轮又一轮的激烈厮杀，在进入到白热化阶段时，谁也不轻言放弃。不到最后选票上见分晓，岂会轻易承认自己输？

近代电磁学家法拉第的座右铭是：拼命去争取成功，但不要期望一定会成功。

争取也不一定都能得成所想，但不去争取，常常会痛失良机。所以，抱着法拉第的这种心态，既可以全力以赴，又不会因为后来的失败而耿耿于怀，这才是最好的状态。

很多人做事，喜欢釜底抽薪、孤注一掷。这样确实是可以逼自己一把，看看自己能耐的底线，但我还是觉得，轻装上阵，不给自己太大压力是更明智的选择。毕竟，我不希望大家如项羽那样，唱着“力拔山兮气盖世，时不利兮骓不逝。骓不逝兮可奈何，虞兮虞兮奈若何？”而后拔剑自刎。

放手一搏，努力争取，成功了，奖励自己，然后继续上路；失败了，也不自暴自弃。如果你连试都没试过，千万别轻易说自己不可以。

【7】成熟比成功更重要

几天前，前任酒后给我打电话，口齿不清地责备我："你这么傲娇，微信不通过，QQ也不加我，这样有意思吗？"然后语气突然柔和起来，"你是不是还在恨我？何必呢。都过去这么多年了，你还在跟我计较？做普通朋友不好吗？"

"你想多了，我早就不恨你了。"我不想听他含混不清的话语，说完就挂断了电话。

我没骗他，我是真的早就不恨他了。爱的反义词不是恨，而是忘记。他对我的伤害，让我曾经恨过，但时过境迁，我的伤口已经痊愈，我已经不再做关于他的噩梦，很少会想起他，我原谅了他对我做的一切，同时，也淡忘了他。

他曾辜负了我对一个人的期待，颠覆了我的世界观，但从另一个角度来说，他也成就了现在的我。没有他出现在我的生命里，没有那几年的痛苦失望，我一定不会是今天这个样子。

我接受今天的自己，也就原谅了造就现在这个我的他。

刘晓庆与她的第二任老公陈国军离婚的时候，陈国军大光其火，不仅上演了"捉奸"好戏，还搬来煤气罐，拿出火柴，要与刘晓庆同归于尽。刘晓庆曾说，她永远也不愿意再回忆这一段噩梦般的经历。

离婚以后，陈国军出了本书《我与刘晓庆，不得不说的故事》，让刘晓庆陷入舆论的旋涡，对她的演艺事业影响巨大。刘晓庆当初对陈国军，不可谓不恨，甚至说要老死不相往来。

可是，刘晓庆在做客河北卫视大型综艺节目《明星同乐会》时，节目现场，第二任丈夫陈国军意外现身，这也是刘晓庆与其分手二十六年后的首度碰面。两个人谈及当年事，陈国军就自己书中所写内容跟刘晓庆道歉，刘晓庆说："你写的那本书，我压根儿就没看。"两个人在后台不但相谈甚欢、频繁互动，还拉钩约定：陈国军再写一本书，把当年被愤怒情绪蒙蔽的那些言论纠正回来，还事实真相。

相对于"恨"来说，"忘记"是一个更凉薄的词，但在某些情境下，"忘记"是对别人的宽恕，也是放过自己。如果刘晓庆沉浸在恨里，怎么能开启她的新生活，谈一场又一场超越年龄、奋不顾身的恋爱？

西德尼·史密斯说：诚挚地宽恕，再把它忘记。这是智慧，也是生活在这个纷扰的尘世里不能没有的技能。

鲁迅的妻子朱安，被鲁迅冷落了一辈子。从被迫娶她回家，到鲁迅和许广平幸福地生活在一起，朱安就像是个影子，鲁迅从来没有正眼看过她，与其说她嫁给了鲁迅，不如说是嫁给了鲁迅的母亲。她在周家的实际身份，其实就是周母的贴身侍女。

在遇到许广平之前，鲁迅并没有其他女人。但是，一个三十来岁的年轻男人，宁愿忍受着欲望的煎熬，也不愿去碰朱安，可见他对她的嫌弃有多么深。

朱安曾说："大先生待我是极好的，我们从未吵过架。许先生也是好人，她懂得我。"朱安心里当然明白，一个连话都不跟她说的人，如何能跟他吵架。她不是虚伪，只是在一天天的等待中，习惯了与周母相依为命的日子。她不会恨，因为从鲁迅与许广平住到一起开始，她就已经心死。

"哀莫大于心死"，她不再爱那个男人，也就不会再恨。她忘记了她新婚时的憧憬，希望用忍耐换回鲁迅的心。早些年里，她希冀：也许，在他某一个回首的瞬间，突然就明白了她的深情呢，而到后来，她明白了，任是她消弭一生尽心侍奉周母，也换不得鲁迅的一丝眷顾。

朱安的一生，就是旧式女子的悲剧，她逆来顺受，又不敢为自己争取一点权益。鲁迅虽然思想激进，在这一点上，却也是一个旧式男子的观念：不离婚，给她一个名分，就算是对得起她了。

可于朱安来说，她耗掉的，是她的青春和她一生的光阴。假如她不嫁鲁迅，而是嫁一个平常夫婿，起码她也能儿女绕膝、夫唱妇随。可命运如此安排，她竟毫无反抗之力，她所能做的，就是平息自己的怨恨，跟自己握手言和。

恨是戒不掉的？如果有爱
就戒掉了
爱是戒不掉的？如果不恨了
也就不爱

——仓央嘉措

但许多人看不明白这其中的玄机，女朋友吃醋，他会不高兴，以为她小心眼。拜托！如果不在乎你，谁会吃你的醋？如果你爱咋咋地，爱去哪儿去哪儿，真不稀罕管你的时候，也就是分手的前兆了。

女生在你面前作的时候，请窃喜。在工作单位里，她很懂事、很坚强、很汉子，只有在你面前时，她才想做个弱女子，才会卸去盔甲，做真实的自己。

爱，是每一个女人的软肋，不爱了，我们就不再吃醋、不再使小性子。没有爱也就没有了恨，时日一久，最终的结果就是，两个人相忘于江湖。

如果有人恨你，请你珍惜，这说明，他曾经对你寄予厚望，你在他的心里，不只是稀松寻常的一个人。

时间教会我们爱，可让我们学会遗忘的，也是时间。很多我们以为一辈子都不会忘记的事情，就在我们念念不忘的日子里，被我们遗忘了。

我不恨你，因为我已经忘记了那些不再重要的过去。爱的另一面不是恨，是忘记。

【8】你应该远离的幸福杀手

同学婧移民澳大利亚了，记得第一年，她还挺开心的，朋友圈里经常有澳洲的美景、美食，还有她自己美美的照片。可是从今年开始，她就很少再发朋友圈。

前几天跟我聊天，她说："沐儿，新奇感一过，我现在真心觉得不快乐。你看看我们在国内的同学，大部分都成了真正的白领，他们发一张同事的集体照，就可以秒杀我半个月度假的快乐。因为他们的照片，看起来就像电视剧里的镜头一样，我多想也有那样一群三观契合、青春飞扬的同事啊！可是，在澳洲，找工作其实还是有种族歧视的，我找不到他们那么高大上的工作，所以真的好不开心。"

我问她："如果可能，你愿意再回北京做你原来的工作吗？"她肯定地说，不想回去。

"为什么不愿意回去呢？"我再问。

"空气质量、生活压力、没有希望的感觉。"她简单地回答。

"对嘛，你既然选择了澳洲优越的方面，就只能舍弃国内某些优越的东西。上帝是公平的，他不会让你尽享所有优质资源，而把最差的东西留给别人。”我认真地对她说道。

但婧还是有些闷闷不乐，她说如果没有看到国内同学丰富多彩的朋友圈，她就不会这么不快乐……

还有小夭跟我说，她最近生无可恋，我吓了一大跳，赶紧语音拨打过去，问她怎么回事。

“我的公众号，最近一个月都没有怎么涨粉，经常新来的人，还没有当天取消关注的人多。再看看群里其他写文的人，他们的公众号动不动阅读量好几万，我的粉丝还不到一万！”她憋屈地说。

“就这点事？我说，你知道别人阅读好几万的，做了多长时间了吗？写了多少篇原创文了吗？你知道他们有多努力吗？有两个写公众号的老师，每天往群里投稿的时间，是我这边的晚上九点、十点，这就意味着，他们每天都是北京时间凌晨三四点才睡觉的，你有他们那么辛苦吗？”

小夭想了想说：“好吧，我做公众号才四个月，而且，我从来没有熬到凌晨三四点……可是，他们中也有才做几个月就做成了几十万大号的啊，比如某某，五月份才两万粉，现在三十万了！”

其实，没有谁的成功是无缘无故的。做公众号成功的，除了要文章写得好，还有就是努力、运气和机遇，这跟做其他事情是一样的。本事、汗水、眼光、机会，缺一不可。

我们都喜欢跟身边的人、跟认识的人、跟起点差不多的人比较，一旦我们认识的身边这些人过得比我们风生水起，我们就会不开心，就会抱怨。

“为什么他可以进央企，我就不行呢？我们明明都是博士毕业，我们都没有背景，他的科研成果也不比我高。”然后越来越觉得自己的工作不如意。

“小 A 嫁得好，那是因为她漂亮啊，我要是有她那样的姿色，说不定比她嫁得还好。可小 B，她那长相也太普通了好不好，比我还差一大截呢，凭什么就能找到这么好的优质男。”然后越来越觉得自己的男朋友不顺眼。

“她家孩子居然可以考上市重点！当时我们是同学，她的成绩根本不如我，怎么说，我的基因也应该不比她的差啊。”然后越看越觉得自己孩子没努力，对他挑眉瞪眼。

这些，就是我们不快乐的源泉。

记得在学校学荷兰语的时候，老师 Eva 常跟心情不好的同学说：“嘿，你为什么不快乐？你看看沐儿，天天那么开心！”

是的。那时候，我真的整天傻呵呵地乐，坐在车里，听听音乐；到学校了，上课还早，一个人安静地在走廊里学习四十分钟；上课的时候安心听课，班上只有十几个人，每次考试我总是成绩最好的那个，所以我对自己特别满意。

那时候我的圈子，就是班上的十几个同学。在他们中间，我学习好，有钱花，不急着找工作，不用操心各种琐事。

去年十月辞职以前，我一周工作五天，虽然累成狗，但每周抽一天一家人出去玩，再整出几个小时去林子里徒步，日子简单而充实，因为想得少，所以很快乐。

后来我辞职了，开始健身、写文。看着别人日渐成形的人鱼线，而我只不过是肚子上的肥肉紧实了一些，我不开心；一起去跳舞的学员，人家已经可以优美地扭腰摇臀，而我还只是能跟上节奏，我也有点不开心；看着别人写的好故事好鸡汤，我总觉得自己写得差远了，我更不开心。

每当我不开心的时候，我就找白先生当垃圾桶，他听了我不开心的缘由，觉得简直是小题大做。

“管他呢！跳舞就是为了开心啊！只要你觉得有趣就好了；健身是为了健康啊，要什么人鱼线；至于文章，我看不懂你写的，但是，有编辑找你出书，不到一年，就拿到两本书约，我已经很为你自豪了。”

我总是特别相信他的话，那次交流以后，我觉得也是，我应该跟自己比较，而不是总拿别人的长处跟自己的短处比较。

没有练出人鱼线，可我已经在路上了；没别人跳得好，但我反应明显变快，肢体协调能力也好多了；没别人写得好，可我一直在进步。

我联系同学婧：“你现在，是不是比几年前的自己过得好？不要总拿别人的优势跟自己的劣势比，就会快乐起来。你说找不到好工作，来来来，跟我这没工作的比比吧。”

我跟小夭说：“你才做四个月公众号，就有这么多粉丝，你不更新，你的粉丝都还不离不弃，还有什么不满足的？我们写文的人，写的东西有人看、有人喜欢就够了。我们认真写，其他的交给命运。”

我们大部分的不快乐，都是来自比较。钱够花就好，不用因为发小比你赚得多而觉得抬不起头来；嫁得人爱你就好，不要用他的颜值去跟你闺蜜的老公比。

每个人都有自己的生命轨迹，一辈子的时光不长，要用来丰富自己的内心，用来爱和被爱，用来体验活着的美好。千万，不要只用来比较。

【9】走好，不送

对于生命来说，接纳才是最好的温柔。不管你是接纳一个人的出现，还是接纳一个人的再也不见。

好友依依最近失恋，其实也算不上失恋，因为两个人压根儿就没恋过。从见到男生的第一眼，她就喜欢他，两个人互相加了微信，白天聊了晚上聊，男生偶尔一个信息没回复，依依就开始天马行空地胡思乱想起来。

后来，两个人偶尔相约一起出去玩。共同的爱好，共同的品位，帅哥美女，别人看着都觉得蛮搭，可几个月过去了，却没有丝毫进展。

他只是把依依当成他的好朋友，他心里喜欢的，另有他人。

后来，男生换了工作，去了他喜欢的姑娘的城市。对于这个城市，他只是个过客，对于依依，也是这样。可深情的依依姑娘，却不能那么快地走出来。

世间最痛苦的事情是什么？有人说：是我在床左边看《来自星星的你》，而你却在床右边看《乡村爱情》。

其实，世间最痛苦的事情，是你想念一个人时，其实并没有想念的资格，因为，他并不是你的谁。

我劝依依："翻篇吧，天涯何处无芳草。"依依答应着，敷衍地说着"好"，但我知道，只有时间，才能真正地帮助她忘记这一段过往。

依依还问我："沐儿，你是怎么可以做到百毒不侵的？感觉你就是一副不会受伤的样子。"我说："你有一颗柔软的心，这很好。但为了保护你的这颗心，为了让自己将来还有爱的能力，你要打造一身坚实的铠甲。其实，每一个豁达的人，都曾经遍体鳞伤过。只是，他们在摸爬滚打中，懂得了如何应对伤害、不幸以及苦难。”

我也曾经遇到过这样的男孩，阳光帅气，笑起来好看得让人愿意为他去死。他对我若即若离，全盘接受我对他的好，偶尔给予回报。我在他零星的温柔里甘之若饴，听他弹着吉他唱着情歌。但是后来，我终于明白，他不会一辈子给我唱歌，他只是天空的一片云，恰巧飘过我的领空，我不是那个可以让他停下来的人。

既然如此，何不离开得决绝一些。我蜷缩在小房间的角落里，顾影自怜了整整一个晚上，那天晚上，我抽了半盒烟、喝了两瓶啤酒，抱着自己，哭得像个傻子。

第二天早上，我给他打电话告别。从此，再也不见。

好朋友都说我有爱情宝典，我苦笑，爱情哪有规则。即使有，也不外乎是，它来了，打开你坚硬的外壳，温柔地接纳；它走了，关起外壳，好好疗伤，温柔地对待自己的真心。

我做得到，所以，伤害之后，我仍然有爱的能力。

依依曾经问我：“是不是谁先动心，谁就完蛋？”

我说：“傻姑娘，当然不是，动心是一种能力。多少二十刚刚出头的人，就哭着喊着说自己不会再爱了。还能动心，说明我们内心里那根温柔的弦，还没有生锈，还能爱和被爱，生活终究还会充满阳光。”

有一句话，我记了很久：你来，风雨无阻我去接你；你走，我不送你。我把这句话送给依依，不知道她能不能懂我的用意。

如若他再回来，因为爱，你可以再接纳他。但是现在这种情况，还是放过自己吧。徒然的悲伤，真是不值得，为一个不是你的谁的人，何苦让自己难过。

其实，不光是爱情，在友情的世界，也是如此。那些发小，如今联系的，还有几个？中学时候的好友，发誓要做一辈子的闺蜜，走着走着，也都散了，就像那些花儿，各自散落在天涯。

不再联系，不代表我们彼此遗忘，只是，圈子不同，生活环境各异，兴趣爱好变迁，我们已经没有了多少话题。

一生中，有很多人走进你的生活，然后又从你的生活中消失。成熟的人，就是能坦然地面对这些来来去去。多年不见的老友，再见，还能没有隔阂地交流；渐行渐远的熟人同事，我们从心底里理解，我们的三观为什么不再一致。其实，这样就好。

生活从来不易，我们要做的，就是接纳自己，坦然面对命运的刁难。无论是爱情、友情还是生活本身，都需要我们有一颗顺其自然的心。

我欣喜你的出现，享受与你在一起的欢愉。但你若要离开，也请自便，我不会哭着喊着求你留下，更不会在未来的日子里，折磨自己。

因为，世上本没有不散的宴席。倾尽所有爱过，便是对年华的最好馈赠。

【10】女孩子，生活中要有“Plan B”

想起林丹的一则广告里的台词：“球出界了，可以重新来过，做人做事不能越过底线。”现在听起这句话，真的是满满的都是讽刺啊。

林丹出轨，起床看到这则新闻时，真为谢杏芳心疼啊。那么多年，他们一直是体坛的爱情神话、模范夫妻、神雕侠侣、金童玉女……可是，所有的誓言一夕之间摧枯拉朽、轰然倒塌。什么爱，什么呵护，什么责任，都成了笑话。

林丹够狠，他在谢杏芳怀孕和月子期间出轨，这样的男人，是可忍孰不可忍！看林丹发的孩子出生的照片，谢杏芳的脸上，没有初为人母的光彩。或许，她早就有所察觉抑或是发现蛛丝马迹了吧。

好男人，也只是公众形象而已。之前的陈赫、文章、孙楠等等，不也是一石激起千层浪，在“吃瓜群众”的讶异里，被曝出轨吗?体育明星也好、影视明星也罢，甚至每一个男人，都有出轨的可能。毕竟，科学研究表明，看到一个美女的时候，男人大脑里的反应，百分之九十都是与性有关的活动。

作为女人，我们不能被爱情冲昏头脑，傻到盲目地相信他会终生忠贞不贰。我们生活的重心，不能全在他那一边，否则，一旦爱情或婚姻发生变故、大厦将倾时，我们的日子也就山穷水尽了。

作为女人，我们需要一个“Plan B”。

01　要有自己的圈子

能有马伊琍那样的胸怀，一句“且行且珍惜”，选择原谅并重新来过的女人，毕竟不多。起码我是做不到的，我可以原谅男人的懒惰、不上进甚至不体贴，但忘不了他出轨的事实。

对于谢杏芳，我不知道她会选择怎么处理这档子事，但即使她果断离婚，自己带娃生活，她的将来，也是光明的，因为她本就有着绚烂的过去。她嫁给林丹，并不是攀附，结婚生子，只是她为自己、为爱情做的一个决定。她过去的光芒，决定她可以重新辉煌。

而我们普通人呢？多少女性，放心地把自己的青春交给身边的这个人，辞职在家，相夫教子。渐渐地，她认识的，都是他的朋友，她不再打扮，因为每天就是买菜做饭的事儿，最多去幼儿园接个孩子。至于老公，女人们固执地相信，他不在意她们的外表，他爱的，是她这个人。

我们错了，爱美是人类的天性。你整天穿着褪了色的家居服，出门一个季节都是那身衣服，内衣已经没有了松紧，发型土得掉了渣，还夹杂着厨房的饭菜味，而他出差时遇到的那个女人，穿着高跟鞋，烫着小波浪，头发里是淡淡的香水味儿，薄施粉黛，俏丽性感。你觉得，你能完胜的把握有多大？

我们不能指望道德约束，更不能只依靠男人的良心。发现他出轨之后，你呼天抢地："我还不是为了这个家？我还不是为了给你做一桌可口的饭菜？"迟了，都迟了，即使破镜重圆，也终归有一道疤痕。

所以，我们要有自己的圈子，最好要有自己的事业，这样我们不至于目光短浅，也不至于太邋遢。更主要的，真到了他背叛的那一天，还有可以说话的地方。

我在欧洲的一个姐姐，遭遇了背叛，伤心之后，她庆幸还有我们这群姐妹，还有工作上的几个同事。她说，父母年事已高，一向都是报喜不报忧，怕他们着急，动了肝火。有什么事情，跟我们唠叨唠叨，我们还能给她想想办法、出出主意。

假如她是一个特别宅的人，认识的只有老公的家人和他的朋友，一个人远在异国他乡，真不知道该怎么度过那段灰暗的日子。

02　要有一定的经济积累

上面说到的这个姐姐，从广东探亲回来之后，发现自家的门锁都被换了。她捏着钥匙，打不开门……每次想到那个镜头，我的心里，就像吞下了冰。

谁说最毒妇人心，有些男人一旦绝情起来，是不给别人留活路的。那个渣男自己出轨，还不给女方一个缓冲期，让她安顿好住处、打理好生活再离婚，简直就是个不折不扣的垃圾。

而这个姐姐呢，没房，没工作，没存款。欧洲的社会，倒不至于让你流浪街头，有个专门的组织，会帮你找房，安置你的生活。但是，遭遇背叛，心在滴血，每天还要奔波填表、找房，那段日子，该是有多凄苦。

她错就错在，没有事先给自己的生活做好“Plan B”。“Plan B”里最重要的一条，自然是手头有钱。

有钱，你就不会那么被动。可以先住宾馆，慢慢寻找一处合适的家，而不用将就着租下一个小屋，仓皇搬家。

有钱，你可以冲出轨的人冷笑着说：“早点看清了你的嘴脸，真是我的福气。”然后把自己的东西挑出，放进行李箱里，他的钱买的东西，一样不要。

有钱，可以在分手后优雅地过自己的日子，不用活得灰头土脸，被别人看不起。

银行卡上的余额，在平常看起来，就是一串数字而已。但等到落难的时候，它就是你的救世主，比你任何的爱人都更管用、更忠诚。

03 给自己充电

大部分被出轨的，都是因为跟老公的差距拉得愈来愈大。

一直很佩服那些全身心投入到孩子身上的全职主妇们，她们给娃讲故事，做好吃的，朋友圈晒娃，逛街也只买娃的衣服。她们的牺牲精神，我相当仰视，但并不推崇。

女人看得见你的辛苦，懂得你的不容易。可很大一部分男人，他们想的是：你成天待在家里，带带孩子做做饭，有什么难的，你不知道我，来自上司的压力，来自客户的压力，有多大！

你甘于付出，他却不懂感恩，只抱怨你越来越不会打扮了，跟你越来越没有共同话题了。你怀孕生产变得焦躁、抑郁，他却对越来越少的性生活感到不满……那么，问题来了。

最好的办法是，让他参与到孩子的成长中来，让他体会一下带娃的各种辛苦。而作为女人的我们，也要在百忙之中抽空充实自己，参加课程，培养爱好，为以后的重新就业选择一项技能培训，这些都可以。

总之，你不能几年如一日地原地踏步走。孩子已经上幼儿园了，你还跟怀孕前一样，除了年纪增长，没有丝毫进步。

其实，夫妻之间，同样适用大自然法则：优胜劣汰。如果你太弱，就怨不了别人遗弃你。保持进步，不停地给自己充电，让自己越来越好，即使不幸被渣男出轨，我们也照样能活得精彩，因为我们随时可以走出家庭，步入社会。

说来说去，女人就是要多长个心眼，别让男人占据了你全部的生活。分出 1/4 的精力给他和孩子，1/4 给工作，1/4 用来丰富自己，另外的 1/4，请用来爱自己。

不要去“希望”他永远深情，我们要给自己的生活准备一个“Plan B”。一个会爱自己的女人，有自己的空间和圈子，手上又有钱，还怕什么渣男。

你活得越漂亮，他背叛的可能性也就越小。这是真理。

【11】你不需要看起来很贵

有位姑娘后台给我留言，讲她的苦恼：我有几个同学，已经用上了 iPhone 7，穿的衣服，都是叫得出名字的响当当的牌子，还动不动就买名牌包，对每个牌子的各种型号，都分得清楚。我在她们之间，简直就是灰不溜秋的丑小鸭，同学有时候看我，还意味深长地笑，我知道她们是觉得我穿的用的都“太便宜”。生活在这样的环境里，每天都觉得揪心，都快抑郁了。

我理解这位姑娘的感受。一个普通家庭的女孩，恰巧与一群家境优渥的姑娘在一起，那种时时处处的对比，让她感到既自卑又孤独。

我说，你放心，只要努力，有一天你也可以拥有这些物质的东西。先努力让自己变得优秀吧，等你能花着自己的钱买心仪的东西时，那时的你，从内到外就会闪耀着你的气场。

那些拿父母的钱来包装自己的，她们只是看起来很贵。

不知道从什么时候开始，大学里刮起一股名牌风，反对买淘宝爆款，拒绝去街边小店。要买就买大牌，哪怕一个月生活费只够一条香奈儿围巾，也先买了再说，之后吃土也值。

更有些人，把这吹嘘成“优雅地活着”。女孩，不能将就，我们要“贵”，别人才会看得起；你自己都不舍得包装自己，就别怪男朋友不肯为你花钱。

而我想说，姑娘，靠名牌来包裹的你，只是看起来很贵而已。这种思想，真的会教坏小朋友的，中国现在，孩子吃西餐、父母在搬砖的状况还少吗？

有多少家庭，孩子用着iPhone、华为，父母的口袋里，还是只能按键、只有信息和电话功能的诺基亚？

我不是反对你少而精地买，女孩，要看起来有质感，这是对的。但是，请别鼓吹名牌的作用。

年轻和气质，就是最好的品牌。你青春飞扬、气质独特，街边小店的衣服，照样能穿出大牌范儿。

如若你已经工作多年，月薪两三万，一年买两个名牌包，自然也无可厚非，因为，那只是你工资的十分之一而已。

但若你还只是学生，在啃老阶段，抑或是你在该奋斗的年龄选择了安逸，那就请不要羡慕别人物质的丰富。

那些看起来风光的人，你哪知道她为此付出的辛勤。她们看见过CBD区凌晨灯火辉煌的样子；她们熬过通宵，下班的时候接着打卡上班；她们在周末出行的时候还背着电脑，趁喝咖啡的间隙完成文案最后一稿的修改。

过奢侈的生活，是一种选择，前提是你要愿意付出比常人更多的汗水，牺牲比别人更多休闲的时间。

世上没有免费的午餐，天上也不会掉馅饼。奋斗与享受，才是孪生兄弟。

去安特中国餐馆吃饭的时候，里面有一半的中国人。比较一下，那些当地人，大部分衣着简单，男士一般是户外防风衣，女士更是简单的在H&M或ZARA买的衣服。而我们这群中国人，男士基本都是价值不菲的羊绒大衣，女士呢，手里拎的包包，似乎就可以看出我们的经济实力。

并不是我们更热爱生活，当地人的钱，大部分都花在了度假、健身、爱好上。也并不是我们比当地人富有多少，其实，大部分中国人，在这边都找不到特别高薪的工作，换句话说，大部分中国家庭，年收入并不比当地人高，而且多是辛苦地从事着餐饮业，一周没多少时间出来休闲。

越是这样的一群人，越喜欢用物质来包装自己，因为我们需要看起来很贵，我们想要赢得别人的尊重。

我认识一家在荷兰的中国人，经营着一个薯条店。为了能赚多一点，舍不得请工人，夫妻俩加上一个上中学的儿子偶尔帮忙，撑着一个店。

他们每周，只有周一关门，休息的那天，还得去备货，可女主人抽空就会去购买各种奢侈品。

“那些衣服，我都没有场合穿，包包也只是一年用个一次两次。但是，我得有啊。我那么辛苦，物质上再亏待自己，还活个什么劲！”

我听后一阵难过：每天在油烟里过活，在几十平方米的小店里忙碌，根本没机会去享受那些花几万块买的名牌。物质于她，也就是一种心理上的弥补吧。

穿着用着那些贵重物品的人，谁知道他们是不是也有着别人不知道的辛酸。

马克·扎克伯格出席任何场合，都是一样的圆领衫配西装。据说，他的圆领衫是成打买的，省时省力便于搭配。

据说，比尔·盖茨每天都去同一家早点店吃早饭，因为那家餐厅给他优惠。

真正成功的人，不太在乎自己的穿着打扮。节俭，反倒是他们共同的特征。

我们最好的朋友 Janssen，在荷兰某小城开车行，卖韩国现代车。

他连续三年销售量荷兰第一，生意火爆，钱自然没少赚。韩国总部每年都会派人过来，给大家开年会，前年去阿姆斯特丹开年会回来，他给我们讲了他的糗事。

年会在一家豪华宾馆举行，参加的各位，最差也开的是六七万欧的车，还有两三个开林肯加长的。只有Janssen，开着他七座的旧大众，车前玻璃还有个裂痕，等他到达的时候，门童有一瞬间的迟疑，才接过他的车钥匙，开进车库里。

年会间，几个比较熟悉的同行开玩笑说："你可是要代表我们去韩国总部开会的人，临走之前，我们得检查一下你的行头，别把脸丢到国外去了。"Janssen嘿嘿一乐，并不在意。

他给我们讲完，我问他："那你有没有换车的计划？"他耸耸肩说道："干吗要换？我这车挺好的，从来没出过状况。车子，其实也就是个代步工具而已。你看扎克伯格，动不动捐助一个亿，他们家的车子，最贵的也不超过四万欧。"

以后我们两家一起出行，还是开Janssen的旧大众。"你看多好，两家子，一辆车就可以了。我若是换了车，我们就得开两辆了，多浪费。"

逛街的时候，Janssen的儿子看上了件Burberry的风衣。Janssen说："小孩子讲什么牌子，你如果想要，等你大学毕业自己挣钱了再买。"

勤俭是美德。花父母的钱来奢侈，最多也就是看上去很贵而已。所以文章开头的那位姑娘，你不用为自己暂时的贫穷难过，现阶段，力所能及地整洁得体，就已足够。用更多精力去打下属于自己的一片天地吧，现在不靠父母，将来不靠老公，花自己的钱，你就是最有气场的那个人。

【12】没有梦想的人生，跟咸鱼有什么两样？

写文的时候，看到SN发在读者群里的一帧照片：雕梁画栋的一幢宽敞的四合院，翘起的檐角支棱在冬日肃杀的空气里。院子里面，小树已经落光了叶子，却感觉一点也不萧条；石板铺就的小径两边，是清可见底的鱼塘，数不清的红色鱼儿，悬在水里，让人一下子想起《小石潭记》里的句子：“皆若空游无所依。”

SN说：“被古筝的声音吸引进去，结果水声潺潺，一股素净的感觉。”细问，才知这是三苏寺里的茶室，茶室里配有精致的茶器和各色绿植，相当赏心悦目。

有一刹那的恍惚，仿佛我就站在那门口，看游鱼，听古筝。这曾经是我的梦想，我删了一上午写的洋洋千字，托腮沉思，我有多久，没有想起我的梦想了？

在北京的时候，我学过一段时间的古筝，喜欢它的清幽和浑厚，欢快地欲显喜乐，低沉地欲显忧伤。古筝的指法也美到极致，白居易写琵琶：轻拢慢捻抹复挑，其实古筝也有这些手法，更有托、劈、摇、搓等手法相佐，辅以左手的按、滑、揉、颤等，整首音乐往往相当饱满。

我的梦想，便是开间茶屋，配以精美茶具。有客人时，用娴熟的手法给客人泡上一壶好茶；没有人时，便独自抚筝，弹奏几首自己喜欢的筝曲。茶室一角，设置一些习练书法的笔墨纸砚，如若客人愿意，尽可泼墨挥毫，随心所欲。

茶室里的我，穿着传统的旗袍或汉服，举手投足，透着弹筝女子的柔美和优雅。

我跟几个朋友聊过这件事，可她们一致的意见是：你会赔得一塌糊涂，西方人都喝咖啡，有几个喝茶的？

“我不图赚钱，只图自在。这是我喜欢的事。”我硬撑。

“那你在家里弹好了，干吗要开茶室呢？哪有开店不图赚钱的？真要这样，你在家里，以茶会友、以琴会友，岂不更自在？”

我无言以对，因为他们说的是实情。那一刻，我听到了梦想破碎的声音，我只好悄悄地把自己的想法包裹起来，束之高阁。

我的朋友S先生，是某市书法协会会员，他教师出身，做过房地产，办过幼儿园。但是，他最理想的工作就是，开一个书画馆，结识名流，做一做名家名作的生意，寻一僻静处安心写字。

三年前，他终于得偿所愿，在北京朝阳某地，租得一处清雅所在。朱漆大门，铜色把手，古色古香的木椅，长条桌上放着镇纸和笔墨，香炉里余烟袅袅、绕梁不绝。

他认识的很多书画界长者也愿意给他捧场，于是，他每天迎来送往，应接不暇。这边忙着邀请、组织活动、安排生活，那边要焦头烂额地寻找展览场地、做宣传、找买家。只有极少数的日子里，他能铺纸研墨，一展身手。

我问他：“你算是实现了你的梦想吗？”

他叹口气说道：“也算是吧，只是，梦想一旦跟生意挂上钩，多少都有些无奈。忙碌的日子，没有时间写书法；不忙的时候呢，又没有钱赚，可房租要交，工资要发，支起一个公司，多少还是有些压力的。但不管怎么说，就算是劳心费神，我总觉得，做这个比之前的行业有意思。”

就像找不到钱多事少离家近的工作一样，实现梦想也没有那么轻松容易。但我还是很羡慕S先生的，毕竟他现在接触的，大部分都是跟他有同样爱好的人，他做着的，也是他觉着有意思的事。

“一直想做的事，一定要在有生之年试一下，不然，到生命尽头的时候，一定会后悔自己没去试。试过了，失败或成功，都不再遗憾。”S 先生说。

是啊。死不可怕，可怕的是从未真正活过。连梦想都丢弃了，还谈什么活过？

可大多数人，就像我一样，明明知道自己想要什么，却没有勇气跨出第一步，总是瞻前顾后，考虑太多成本和收益。可是，拥有这样一家店才是我的梦想呀，我的梦想并不是要赚很多钱！

飞机制造出来，就是为了在蓝天上翱翔，如果因为怕风险而让它停在地面，那它就是一堆废铁，毫无意义。而且经过雨水的侵蚀，天长日久，飞机会生锈氧化，一文不值。

我们就像那飞机，如果总是不敢带着梦想起飞，只想着规避风险，永远也无法让自己的梦想付诸实现。

如果你想要探索落日下尼罗河畔金字塔的奥秘、想要追寻云雾中喜马拉雅之巅的神圣，现在就上路吧，别想着等到有钱的那一天。我不信你若真想去，会凑不够这笔路费；等你有钱了，也可能没了空闲时间；等你有钱又有时间的时候，不一定还有想去的心情。

如果你想要学习一门语言，那马上买课本和资料，开始行动吧。别用没时间做借口，时间都是挤出来的。每天早起半小时、午餐后的休息时间、等车的间隙、睡觉前玩手机的时光，都可以用上。不出半年，你就可以听懂简单的句子。

如若你想要追求那个美好的人，也赶紧行动起来，千万别说现在时机还不成熟。等你变得更好，“TA”或许早已有了意中人；等你腰缠万贯，“TA”可能已经上了别人的床；等你衣锦还乡，“TA”恐怕已经娇儿绕膝咯。

SN 的一张图，戳醒了我的梦想。这篇文写在这里，总有一天，我的茶室会开起来，我需要一些时间筹谋，毕竟，这不像学一门语言、来一趟旅行那么容易。

那么你呢？你的梦想丢在了什么地方？捡起来，拍打拍打灰尘，赶紧去努力实现吧。趁岁月尚早，我们还没太老。

【13】努力，是为了让自己的愿望得以实现

那一年，我还在合肥，和闺蜜一起去明珠广场玩儿，看四周林立的欧式建筑，很是喜欢。

“你说，这辈子我有没有可能去欧洲一次呢？”我的目光恋恋地留在那些建筑上，憧憬地问她。

“应该可以吧。咱们一起努力，考到北京的大学，在首都，一切都有可能。”闺蜜信心满满。

我答应着，却有些迟疑。毕竟那个时候，出国不像现在这样容易。

后来，我去了北京，再后来，我来了欧洲。当我拍下挪威的山水瀑布，有老家的朋友说：“这风景，跟我们这儿的差不多嘛，我们老家的水也很清冽，山川也很俊俏呢。”

毋庸置疑，大中华的山水绝对富丽多姿。但是，我也很想看看大西洋海岸的风景呢，挪威的布道石和巨人之舌，可是在别的地方看不到的奇景呢！

我在比利时教汉语的时候，有人说，你兜兜转转，穿越大半个世界，不还是教书嘛。

是的，而且说实话，还没有不折腾活得轻松：如果我一直在最初工作的那所学校，现在已经是老资格、高职称的教师了，工作上也会轻车熟路，没有多少心要操。可是在这边，得用别人的语言看大纲和计划，出试题要按他们的要求，还要把试卷和答卷翻译出来，一切从头学起，真心是累。

可是，我不想要一眼就看到头的生活啊。人生苦短，我想在有限的生命里，走更多的地方，看更大的世界，经历更多的人和事。

当我在印度洋海边看日落、大西洋岸边等日出的时候，那苍茫的壮观，刷新了我对美的认知，也让我更清楚地知道，我想要的生活是什么样子的。

我是个爱折腾的人，歇斯底里地热爱生活。一辈子待在一个小地方，那不是我要的，我不想就在一个小城里，过着结婚生子、买房买车，然后等着拿退休金的日子。

01　我们为什么要努力?

很多人应该都思考过，我们为什么要努力？简单来说，是为了自己的愿望得以实现。也许你跟我一样，想要用脚步丈量更多的地方；也许，你的愿望，是做一个孝顺的子女。

朋友雨拼尽全力，在北京买了第二套小公寓，看着她憔悴的样子，我问她为什么不过得轻松点。她说：“沐儿，你知道我最怕的一句话是什么吗？是‘树欲静而风不止，子欲养而亲不待’。我们赚钱的速度，总也赶不上父母老去的速度。”

雨跟老公，住着五十多平方米的小房子，有了孩子之后，父母过来照顾月子，终因房子太小，一出月子，就不得不回山东老家。可是，老人家心系孙子，回去后整夜整夜地睡不好，于是他们一咬牙，又买下了一套小房子给父母住，但生活从此拮据起来。

“有时候买奶粉，我都很心疼，恨自己没用，为什么不能母乳喂养。可是孩子三个月我就去工作了，经常加班，吃饭都不能按时，哪有办法母乳喂养！”

我理解雨的心思，绝对不会劝她辞职，因为我懂得，她只是想用自己的努力，给父母一个更好的生活。

雨曾跟我讲过，以前她和妈妈逛街的事情。她的妈妈是个普通工人，一辈子省吃俭用，某天逛街，模特身上穿着一件漂亮的白色皮草，看起来温暖又柔软，她妈妈就忍不住伸手摸了一下。没想到，售货员冷冷地说道：“这衣服贵着呢。白色容易脏，不买别摸啊。”说完还斜眼看了看她妈妈。

雨说，妈妈当时很窘迫，她呢，也很无奈。

“如果身上钱够，我就会任性一次说，来，给我包上。可是我根本买不起……”雨说得很沮丧。“后来经济宽裕了，我陪爸妈逛街，只要看出来他们喜欢但又舍不得买的，只要在可承受的范围内，我就立马给他们买下来。父母养我，辛苦了大半辈子，省吃俭用攒下来的钱，全部拿出来给我凑了首付，我实在是不想他们再苦着自己。”

心安强过身安。对于雨这样的女孩子，让她选择安逸，她会忐忑纠结，还不如让她在职场纵横捭阖，拼搏奋斗。每一次，她看到父母安稳幸福，内心也就更舒展一分。

02 比你优秀的人，也都在努力

自从写文以后，我才知道，原来有那么多女孩，比我优秀了几百倍，却还比我努力得多。她们白天上班，夜晚辛苦地码字、编辑，只为了让别人读到自己的观点。若是有人欣赏自己的文笔，就会心情大好。

记得我领到第一笔稿费的时候，高兴得差点儿蹦了起来。一个跟我在同一个平台写文的女孩说："虽然那点儿钱，只够我约朋友吃顿便饭。但是，这笔钱却让我格外有成就感。"

我自然明白她的意思，因为我领到第一本书的稿费的时候，也是这样的感觉。这笔钱，应该是十年来挣得最辛苦的，但是也让我最自豪。因为，自诩为文艺青年的我，终于靠文字挣得了一份收入。

看到自己的文字变成铅字，装订成书，配上精美的封面，那种精神层面的愉悦，其实就是努力之后，愿望得以实现的满足感吧。

所以，你有什么愿望，就尽快行动起来吧！2017年刚刚开始，一切都还来得及。让你的愿望成真，就是你为什么要努力的原因。

如果你想有很多的钱，那就脚踏实地去挣得第一桶金，即使失败了，也可再从头开始。只要你够努力，目标达成就指日可待。

如果你想成为一个画家，那从今天开始，每天练习，向所有可能接触到的大师请教。只是别妄想靠天赋一鸣惊人，天才也要靠汗水的浇灌。

如果你想成为作家，每天最少一千字，日耕不辍吧。机会总是给有准备的人，懂得坚持，善于学习，幸运之神迟早会光顾到你。

如果你想要嫁一个意趣相投的夫君，也先让自己优秀起来。《闻见录》里有云："梧桐百鸟不敢栖，止避凤凰也。"你是什么样的人，才能吸引来什么样的人。

如果想成为优秀的父母，那更要努力了。奋斗打拼，尽可能给孩子提供一个好的成长环境；终生学习，跟上时代，给孩子爱的同时，也言传身教做人的道理。

我们大多数人，都是普通的芸芸众生，不去想靠自己拯救世界，造福全人类。但我们，一定也会有一两个愿望，而愿望的实现，要靠自己的努力。整天浑浑噩噩，“葛优瘫”似的倒在沙发上看肥皂剧，我们的愿望永远也实现不了。

天上掉馅饼的事确实有，但只会砸中那个努力的孩子；免费的午餐也可能存在，但只有有能力的人才能吃得上。

【14】长得漂亮，不如活得漂亮

气场，比漂亮更有吸引力。

毕业五周年聚会，沙沙静静地坐在一个角落里，即使不说话，我仍然能感觉到她强大的气场。

她的穿着打扮，雅致中透着不俗的气质，既端庄时尚，又不让人觉得奢靡张扬，特别适合同学聚会这种场合。

沙沙跟我，是从高中到大学的同学，高中的时候，她因为长相普通，从来没有收到过情书。但她好像也不在意，淡定地学习，大大方方地看着我们窃窃私语，谁有人追了，谁跟谁在一起了。

大学的时候，沙沙仍然完全不惹眼。她的家庭条件，也跟她的长相一样普通。

我们几个好友呼朋引伴地约着去火锅店、去 K 歌、去逛街的时候，她总是默默地待在宿舍里，整理衣柜、打扫，抑或是捧一本书，拧亮台灯，一看就是一下午。

在我几个好朋友的眼里，沙沙就是个讨人喜欢的灰姑娘，不争宠，不傲娇。

在她们心底里（也包括我），从来不会想到，五年后的聚会上，沙沙会大放异彩，成为最耀眼的那个姑娘。

你注意到沙沙了吗？她的包包，就是我一直想要还没舍得买的那款；还有她的鞋子，不知道是不是什么牌子的限量款，市面上根本没见过。在洗手间里，好友终于有机会说出她心中的困惑。

“真没想到，沙沙现在气质这么好，这些衣服穿在她身上，简直是相得益彰。”我这个朋友，当初是班里的班花，可今晚，竟然被沙沙比了下去。她是个急脾气，竹筒倒豆子，一口气把前半场聚会一直困扰她的问题跟我倾诉了出来。

我说：“可不，沙沙就是个潜力股。她那些年泡的图书馆，就着宿舍小台灯看的书，以及后来在职场上的打拼，成就了今天的她。”

如今的沙沙，是一家大公司的HR。她的气场，是自信的光芒，也是宠辱不惊的淡定。开口说话，她比在场的其他女生都要有深度一些，并且幽默风趣，我自愧弗如。

那天晚上，我最大的感触就是：漂亮，真的是花瓶一样的东西。比漂亮更重要的，是气场的强大。

其实，长得漂亮并不是你的功劳，活得漂亮才是本事。

一个小姑娘，从小就被人夸漂亮，难免就沾沾自喜起来。不管是在学校里，还是跟小伙伴玩，总觉得自己是中心，什么事都得根据自己的心意来。

长大一些，因为漂亮，她们会得到更多男生的殷勤。出门办事，也会更顺利，甚至毕业找工作，都要比一般女生容易一些。

漂亮确实有很多好处，但是，姑娘们心里要清楚，长得漂亮，不是你的功劳。活得漂亮，才是你为自己的人生负责。

我虽然不相信“红颜薄命”这个词,但现代社会里,仍有许多姑娘,因红颜，沾了祸水。

比如，因为漂亮被众多男生追求，无心学习后来辍学太早混入社会的；比如，因为漂亮被人包养却又被始乱终弃的。

虽然这些只是少数案例，但漂亮姑娘更应该长个心，早早为自己的人生做个规划。

王菲、范冰冰、刘涛、章子怡都是既长得漂亮又活得漂亮的典范。她们有自己的事业，自己的生活自己做主，舆论也好、偏见也好，无法左右她们的选择。

关于爱情，章子怡说：“一定要尊重自己的内心，只要觉得对就去做吧，因为人活一次，想太多会太累，要为自己而活。”

所以，你看她的爱情，从霍启山到美国人 Vivi，再到与汪峰相恋。她总是会大方地将恋情公之于众，从不听流言蜚语，不左右猜疑，只求自己活得洒脱真实。

在演艺事业上，她精益求精：“我太在乎了，希望自己做得好，而且我觉得我的确可以做得更好。”对于生活，她的观点是：“所有的经历都是用来回忆的，而不是用来后悔的。”

努力、自信、跟随自己的心、追求自己的幸福，这样才能活得我行我素，最终过上自己想要的生活。

【15】比漂亮更重要的，是内涵

没有内涵和灵魂，即使长得漂亮也是无趣的。漂亮让人垂涎，智慧让人刮目相看。

奥巴马的妻子米歇尔，长得算不上多么漂亮，但她绝对是个智慧的女人。我曾看过米歇尔在奥巴马就任之初，关于教育问题发表的演讲，深深被震撼。

这是一个有爱心、有远见、有学识、有能力的第一夫人。

几天前，奥巴马在芝加哥的告别演讲中，提到米歇尔的时候，他深情落泪。在台上，他仅仅是刚刚说出了“米歇尔”这个名字，就引起了台下如雷的掌声和欢呼。

听众在站在台下的米歇尔附近自发围成了圆圈，用掌声向这位第一夫人致意。

“我那来自南方的女孩，在过去的二十五年中，你不仅仅是我的妻子和孩子们的母亲，还是我最好的朋友。你凭借自己的优雅、风度、勇气和幽默，出色地完成了一个你本来没有要求的角色。”

奥巴马对米歇尔的感激，字里行间真情流露。

一个圆满的家庭、一个欣赏自己的丈夫，还有美国民众的拥戴，米歇尔算是活得最漂亮的女人之一了吧。

且不说名人，我们普通女子，不管长相如何，也都可以丰富自己的内涵，活成自己想要的样子。

01　如何提升内涵，活得漂漂亮亮?

努力工作，培养爱好。读万卷书，行万里路，经万件事。

工作是我们的立身之本，它带给我们的，不仅仅是经济收益，更是自己生活的圈子。

很多女孩，在嫁入比较富裕的家庭之后，放弃工作，全职做起家庭主妇，享受起生活来。

这样未必就不可以，但却需要承担风险：一旦婚姻亮起红灯，家庭分崩瓦解，女人的精神支柱会一下子崩塌，没有了可以疗伤的角落。

我总觉得，一个人的生活，应该是由家庭、孩子、工作、爱好、圈子这几个部分组成。

每一部分都有它的意义。恩爱的时候，你未必会体会到，但若是被爱的人伤害，你一定会明白，有工作、有同事，对你有多重要。

爱好，其实关乎我们的生活情趣。活得漂亮的女人，一定是有自己的兴趣爱好的。

兴趣广泛也好，专而精也好，都让我们的生活更丰富，心情更愉悦。爱好让你的生活更立体，情绪更饱满。

02 丰富阅历

腹有诗书气自华。读书多的人，更豁达，遇事不钻牛角尖，凡事更多地站在对方立场去想问题。读万卷书也跟行万里路、经万件事一样，可以开阔眼界。

你若是有看过世界名画的眼睛，听过贝多芬交响曲的耳朵，到达过埃及金字塔的双脚，你的见识，一定跟囿于某个小天地的时候大不相同。

阅历丰富了，境界也就打开了。一个有思想有见识的人，才能恬淡地面对生活中的一地鸡毛，将简单的日子过出滋味来。

小时候，特别羡慕别人长得漂亮。可是现在，我只羡慕活得漂亮的人，欣赏沙沙那样的女生，自信自强，让所有人看到她的光芒。

【16】不管怎样，做好自己的工作

我曾经兼职做过店员，需要整理鞋子，捡地上的废纸。刚开始干的时候，心里极度不舒服，感觉自己像极了捡垃圾的。

整理鞋盒的时候，我微微弯腰，心里一万个不乐意，总觉得以自己的学历，干这种毫无挑战的工作，极其没有意义。

因为对工作的抵触，觉得累；因为弯着腰干活儿，觉得累；因为效率不高，老板脸色不好看，更累。

后来，不知道在哪儿机缘巧合看到一句话："蹲下身子干活儿。"这句话于我的作用，简直就是点石成金。我突然明白：不管你从事的是什么工作，只要你选择了，就有义务去做好，任何投机取巧、敷衍应付的态度，都是要不得的。

因为，你不应聘，老板可以征别人；而你来了，占了这个坑、顶了这个岗，就得完成你应该完成的工作，否则，就是对老板的不公平。

如果你觉得自己大材小用，或是这个岗位体现不出你的价值，那你大可辞职回家。既然还在领薪水，你分内的工作，就得做好。

领悟了这个道理以后，我不再对这份工作抵触，整理鞋子的时候，我不再弯着腰糊弄，而是真正蹲下去，摆得整整齐齐；店里微小的纸屑，我都处理得干干净净。工作效率高了，老板的脸色也越来越好看了。

曾关注了一个作者，文笔不错，逻辑清晰，说理也透彻。可是最近，我取关了。

她常常在文章里说自己写公众号多么多么辛苦，推掉了多少多少广告，以博取读者的同情和感激，从而打赏。

可是，写公众号文章，是你自己的选择，这就好比你的工作。

你可以决定做，或者不做，没必要一边写着软文收着广告费，一边装可怜。

不过，这倒不是我取关的原因。经营公众号确实辛苦，想要点打赏也没什么，最让我看不惯的，是她那种“唯我天下独尊”的样子。

她在文章里说，现在公众号真正能出精品文章的不多，然后举了两三个例子，其中一个是她自己。

她说，现在的公众号都是鸡汤，号称自己的文章是干货。可是，她的文根本算不上干货，不过是在行文间加上了一些名人名言、一些心理学或是经济学知识。

她看不起几个故事一个道理的写法，看不起接不到奢侈品广告的小号。总之，只要有机会，她一定会批判其他人几句，以显示出自己的鹤立鸡群。

我想说，你若真是鹤，干吗不翱翔青云之间，而要与一群鸡较短长呢？你文笔是出众一些，但你也不比其他人高明多少。

李白、杜甫、苏轼、欧阳修，也没见他们诋毁别人。古往今来，名作汗牛充栋。江山朝代，烽火战争，在岁月的长河里，都不值一提。你的这些小文章，也终究会湮没在历史里，连小沙粒都算不上。

顾炎武说：“常将《汉书》挂牛角。”堂堂大汉几千里江山，四百年历史，之间发生过多少故事，出现过多少人物，还不是化作一本旧书，挂在牛角，来回摆动，什么功名利禄、荣华富贵，都是过眼云烟耳。

陆游说：“细雨骑驴入剑门。”堂堂千古雄关剑门，最终不过是一个遗迹，消遣它的是细雨，是驴。

所以，你那些细碎的文字，有幸让这么多人读到，就请沾沾自喜吧。

蹲下身子，把文章写得更好，对得起花时间看你文字的读者，才是你现在该做的事，而不是去贬低别人，以提高自己。

我在北京教书的那所中学，有一个用了十年的保洁员，我们所有老师，不管多大年纪，都喊她孙姐。

刚去的那年，我奇怪地发现，大家对她的态度，比对同事都亲。中秋端午，学校给老师发福利，水果啊月饼啊，总有老师分给她，最后往往她比其他人得到的都要多一些。我一直纳闷儿，大家为什么都那么尊敬她。

有一天，我起得太早，溜达着就去了办公室，老师们都还没有到，偌大的楼层里，只有孙姐在打扫卫生，她热情地跟我打招呼，交代我早起多喝热水，手里却一点没有停下活计。

她把办公桌上的每一样东西，都拿起来小心地擦拭一遍，即使是我桌子上的小废纸篓，也细心地擦了好几遍。然后，她尽量物归原位，让老师们不至于找不到东西，又会按照她的审美，稍稍摆放一下。

一层楼里，共有六十多个工位，孙姐一个座位一个座位地整理过去，一丝不苟。看我在注意她，她偶尔抬头冲我微笑，跟我有一搭没一搭地说着家常话，但她的心思，主要还是在手头的清洁工作上。

如果你在电梯里遇到她，一定以为她是教师，因为她着装简洁却端庄大方，每一天，都带着灿烂的笑容，只是那双手，比一般人粗糙了许多。

有一次跟她聊天，才知道她高中毕业，只身来到北京，先是在工厂里打工，后来有了孩子，学校招聘保洁员，她就赶紧来了。

因为工厂经常加班，没法照顾孩子，相比之下，学校里的这份工作要好很多。“我很羡慕你们啊。”孙姐说，“当老师多好，受人尊敬，但是你们都是有文化的人，我没那个本事。凭我的能力，我就只能干干这样的粗活，做保洁虽然收入不高，但既然是我的工作，我就要尽百分之百的力去做好。”

“孙姐，我尊重你，比尊重某些老师还要多。”我诚挚地说。

“看你说的，快别这么说，我有什么值得尊敬的。”孙姐有些腼腆了。

其实，每一个肯踏踏实实、不打折扣地干好自己工作的人，都是值得尊敬的。孙姐拿着微薄的薪水，却总是积极向上，力求做到最好，比起那些拿着较高薪资却天天抱怨的老师，是不是可爱得多?

后来，学校在郊区办了个幼儿园，校车每天从市区出发，接送这些小娃娃，需要一个跟车的阿姨，校领导想起孙姐的尽职尽责，就让她担了这个重任。

如果你还生活在苟且之中，看不到诗和远方，还没有更好的选择，那么，尽力把眼前的事情做好，或许是你的一个机会。

【17】你自己，才是自己的贵人

我开始信任我的平凡，我的世俗
和一钱不值
我把一个句子放在山后长长的斜坡上
让叶子盖满它的身体
可是我不知道

哪一片叶子的泪光
会得到整个秋天的原谅

——《但是，你不知道》

这首诗，也许大家并不熟悉，但若讲到她的另一首诗《穿越大半个中国去睡你》，你马上就会脱口而出她的名字——余秀华。

这个历尽劫难的女人，1976年出生于湖北某农村，因出生时倒产、缺氧而造成脑瘫。六岁的时候，她才摇摇晃晃地学会了走路，那之前，她都只是在院门口爬来爬去。她行动不便，说话也口齿不清，高中毕业以后辍学在家，十九岁就被迫嫁人。

从她的诗歌里，可以看出，她在三十八岁以前的日子，是不幸福的，但是，她没有反抗的底气。别说一个身体有残疾的农村女人，就是在城市里，也有很多女人，没有对抗不幸福婚姻的勇气。

好在，2009年，她开始写诗。她用尽平生的力气，与网络搭上了瓜葛，她在博客上，用诗歌来表达自己。

2014年，她的才华终于被《诗刊》的编辑刘年发现。《诗刊》推出了余秀华的九首诗歌作品，并配发了她的创作谈《摇摇晃晃的人间》和编辑评论文章。

这个一直被命运打压的女人，终于有了勇气反抗不幸福的婚姻，这一年，她与丈夫离婚了。2015年，两本诗集出版；2016年，获得“农民文学奖特别奖”并获得奖金三万块。

表面看来，余秀华的贵人是刘年。确实，没有刘年这个伯乐的知遇之恩，余秀华可能还会被雪藏多年。

可是，如果她真的向命运低了头，放弃了一切挣扎，以活着为目标，不去写诗，不去表达自己，那她永远也没有这个可能。

不放弃，不认命，正是余秀华骨子里的这种气质，命运才垂青于她，给了她翻盘的机会。她，才是自己最重要的贵人。

抱怨自己时运不济，遇不到可以提携自己的人，往往不是自己不够努力，就是人品不够好。

你的人品，就是你的通行证；你自己，决定了你是否可以遇到贵人。

我一个发小，不太喜欢上学，初中毕业就辍学出去打工。几年的打拼之后，有了一小笔存款，虽然境况比之前好了很多，但还是不足以自己创业。

但是，他性格最大的优点就是舍得。与他交往的人，他不仅从不让别人吃亏，还总是主动请别人吃饭，别人需要帮忙的时候，他也会第一时间伸出援助之手。

后来，一个颇有实力的富商，提出要跟他一起做公司。发小推辞说自己暂时还没准备好，富商说："你不就是担心你资金不够吗？不用担心，给你百分之五十的股份，钱由我垫付。我看中的，是你的品德。"

如今，公司运营得如火如荼，发小也早已不是当年那个穷小子了，身家几千万。现在的他，穿着打扮变了，饮食习惯变了，但是，他大方助人的性格始终没有变。

无独有偶，有个发生在美国的真实故事。

在一个风雨交加的夜晚，一对老夫妇走进一家宾馆大厅，想要住宿，遗憾的是，这一天这家宾馆爆满。值夜班的服务生非常抱歉地对老夫妇说："真不好意思，我们已经没有任何房间了，但是，外面电闪雷鸣，我很不忍心让你们走出去，再去寻找另一家旅馆。你们看这样行不：你们可以住在我的房间，我值夜班，反正也用不上，我的房间虽然不够奢华，但还是蛮干净整洁的。”

老夫妇接受了服务生的好心，大方地住了进去。第二天早晨，他们去前台结账的时候，那个服务生却亲切地说：“昨晚睡得好吗？这个房间不是客房，所以不需要付房费。”

老先生点头赞许：“小伙子，你是每个旅馆老板梦寐以求的员工，改天，或许我可以帮你盖栋宾馆。”

事情过去了好几年，那位服务生也早已忘了那个雨夜的小插曲。但在某天，他收到了一封挂号信，信中讲述了那个风雨之夜发生的事情，并附了到纽约的往返机票，邀请他到纽约一游。

在抵达曼哈顿几天后，服务生在第五街及三十四街的路口“邂逅”了当年的旅客。老先生指着路口矗立着的一栋华丽的新大楼说：“这是我为你盖的旅馆，我想请你来经营，可以吗？”服务生震惊无比地说：“您为什么选择我呢？”

“我叫威廉·阿斯特，我说过，你正是我梦寐以求的员工。”老先生说。

这旅馆就是纽约最知名的华尔道夫饭店，这家饭店在 1931 年启用，是纽约尊荣地位的象征，也是各国的高层政要造访纽约时下榻的首选。当时接下这份工作的服务生是乔治·波特，一位奠定华尔道夫世纪地位的推手。

是什么让这位服务生改变了他人生的命运？毋庸置疑的是他遇到了“贵人”，可是如果当天晚上他没有那样真诚地对待老夫妇，还会有这样的结果吗？

他的贵人，并不是威廉·阿斯特，而是他自己。他的人品，是他最大的贵人。

如今的社会，处处充满机遇。若我们总是遇人不淑，总觉得自己倒霉，碰不到良人，那就要从自己身上找找原因了。我们是不是实力不济？是不是努力不够？是不是总把握不住时机？

你是吉人，自有天相，善良真诚的人，遇到贵人的机遇自然就大一些。但若只有善良和真诚，自己没有本事又不够努力，遇到贵人也是白搭。

是金子才能发光，是千里马才能被伯乐相中。所以你首先得有价值，得是自己的贵人。

【18】什么样的女人，才能把日子过得风生水起？

朋友爱雅换了微信头像，站在书柜前面的她，穿一件格子衬衫，过肩的中发微卷，明眸皓齿，下巴上扬。那自信的笑容，无声地宣告了她的内心世界：一切都不是事儿。

只有心思干净的人，才能有这样明丽的表情；只有拥有超强魄力，才能有那么淡定的神采……我暗暗钦佩。

爱雅的宝宝，才两岁多，养过娃的妈妈，都明白这是一个什么样的阶段。大部分宝妈在这个阶段，经常蓬头垢面，出门斜跨一个大大的妈咪包；左手奶瓶右手尿布，眼睛里只有宝宝，耳朵里经常幻听；聊天的时候，三句话离不开宝宝，整个就是一孩奴。

而爱雅呢，除了把高跟鞋换成了平底鞋，似乎没有其他变化。

你一定以为，爱雅是那种把孩子交给老人照看、自己不管不顾孩子的人。那你还真就大错特错了，在欧洲，老人是不会给你带孩子的，月子期间，她的父母确实过来照顾了她一段时间，但签证到期，就双双飞回中国了。从那一天开始，宝宝就由爱雅和老公照顾。

这边的公婆，除非是你真的有事，可以请求他们帮忙照看半天或一天。否则，他们有自己的事情要忙，有自己的兴趣爱好，有聚会要参加，一定不会主动说“我来照看孙子”这样的话的。

爱雅早早地参加了孕期培训，学习了如何照顾宝宝、如何给孩子养成健康的睡眠习惯。她家的宝宝，跟这边的孩子一样，晚上八点准时睡觉，早上八点送托儿所，下班把宝宝接回家以后的时间，两个人心照不宣，一个陪孩子玩，一个做饭。晚上八点以后，仍旧是二人世界。

他们照样可以在书房里安静地看书，照样可以带着孩子一起度假。孩子的降临，除了多了一个童稚的声音和许多乐趣以外，并没有把他们的生活弄得一团糟。

看到她头像上的照片，我忍不住联系她：“喜欢极了你这张照片，一副清水出芙蓉的样子。有了孩子，还能这么从容，真是厉害。”

她笑言：“孩子是按计划来的，又不是突然袭击，怎么会手忙脚乱呢。我们布置好了他的小屋和小床，准备了他的小衣裳，然后他如约而至，一切都是安排好的啊。”

“可是，很多女孩结婚生娃以后，都像换了一个人似的。只有你，丝毫没有改变。”

“因为我知道我要的是什么。当初跟老公商量要孩子的时候，我就说，我不想放弃我的工作，也不想成为孩奴。我们俩，一开始的目标就是，生活不要被孩子改变。”她说。

达成了共识，两个人往一个方向使劲儿。爱雅知道自己想要的是什么，所以她能爱情、事业、家庭三不误，笑容恬淡，心平气和。

我的弟媳，曾经是个“十指不沾阳春水”的姑娘。她是家里的独生女儿，据说都上大学了，假期在家，妈妈仍然把牙膏挤好，端着脸盆到床前，让她刷牙。她家有个专门的早餐托盘，妈妈总是把早饭端到床上给她吃。刚上大学的时候，她不会自己洗头发，急得直哭。

刚听我弟给我讲这段的时候，我惊骇得眼球都要掉下来了。“那你以后要是娶了她，这日子怎么过啊，难不成你得天天跟伺候小主一样伺候她？”我担心地说。

“放心吧。”我弟一拍胸脯，“我是谁，早把她调教好了。”

那时候，他们已经大四，两个人谈恋爱已有两年。我弟弟很傲娇，直接跟她说：“要想跟我在一起，你就得什么都会做。我不要你照顾，但你也得会照顾自己，不然我不在家的时候，怎么能放心你？”

我弟巧舌如簧，一哄一骗，人家小姑娘还真乖乖就范。等到大学毕业的时候，她不仅生活可以自理，还能偶尔照顾我弟。

“女子本弱，为母则强”，后来两个人结婚有了孩子，我这个曾经什么都不会做的弟媳妇，直接变身为女超人。她常常夜里，一边哄孩子一边查资料，白天奔波在家里和单位之间，从一个娇气刁蛮的小女孩，变身成为温柔干练的职场妈妈，连我都对她佩服得五体投地。

一次跟她聊天，我问她这个蜕变累不累，委屈不委屈。

她说：“刚开始是挺委屈的，习惯了也就好了。你弟弟的脾气你还不知道？他说是什么就是什么，我如果做不到他说的，估计早就跟他分道扬镳了，谁让我看上他这个人了呢？”说完，娇嗔地白了我弟弟一眼。

知道自己想要什么，努力去争取，不管是爱情还是某一种生活，这样才能把自己的日子过成自己想要的样子。可并不是每一个女孩，都知道自己想要什么。当初看上了他的颜值，嫁给他之后，又嫌弃他不够有钱。当初看上了他的男子气概，后来又觉得他不够体贴。

为了过上随性买买买的日子，嫁给了一个暴发户，后来又厌恶他的啤酒肚和早谢的头顶。喜欢他的事业心，又抱怨他不能天天陪在你身边。

因为心有不满，爱情开始凋零，日子蒙上灰色，夫妻二人渐渐地相看两相厌。恋爱时的你侬我侬，结婚那天的信誓旦旦，后来，都在柴米油盐中淡去。

选择一个人，你就同时选择了他的缺点和优点，这不像在市场买水果，你可以只挑好的，把坏的留下。

选择了他的长板，就要接受他的短板。知道自己要什么，自己最在乎的是什么，才能在婚姻中永葆热情，把日子过得热气腾腾。

比如爱雅，她想要孩子，也想要工作和之前宁静浪漫的生活。于是，她专注地向这个目标努力，科学养娃，老公配合支持，轻松地驾驭了有娃之后的生活。

比如我的弟媳，她喜欢上了这个男人，想要和这个男人结婚，就尽力完善自己，最终有了她想要的温馨的家。

古人说：凡事预则立，不预则废。如果你没有清楚的目标，那么无论从哪个方向吹来的风，对你来说，都不会是顺风。

愿我们都能像爱雅和我弟媳一样，做一个睿智的女人，知道自己想要的是什么，然后付诸实实在在的行动，把自己的生活经营得风生水起。

【19】善良，是你给自己插下的路标

管仲说：“善人者，人亦善之。”

记得一次我们去北京红螺寺看红叶，回程在停车场取车的时候，有一位老人，蹲在路边卖柿子。秋意已深，老人家把双手缩进袖筒里，抱着膝盖，殷切地望着一群群离去的游客。可大家都行色匆匆，很少有人光顾他的小摊。

同行的卢总，若无其事地走过去，问老人家柿子怎么卖的，然后拎了几塑料袋回来。

“你这么爱吃柿子？”我问他。

“我并不爱吃，只是看这老人家挺不容易的，不忍心看他眼里的失望。一个一个游客走过去，他的眼睛亮了，又暗了下去。”他答。

那一瞬，我忽然很感动。其实人生哪有那么多轰轰烈烈的大事等我们去做，拯救世界这样的事，或许轮不上咱，可是，我们总能在微小的事情上，略尽绵薄之力，让这个尘世多一点柔软、多一丝温暖。

有一颗善良的心，才能感受到别人的辛酸和不易。都说善有善报，卢总能在商海信马由缰、转战南北，应该也与他的品德有一定的关系。

没有无缘无故的成功，万事皆有因果。从那以后，我更加敬重卢总了，如果我是他的合作伙伴，跟这样的人签合同，我想我的顾虑会减少很多。

由卢总的事，我想起当年一起合租的小伙伴。每次下班，她都会带回一些豇豆、胡萝卜之类的蔬菜。她总说：“我多买一点，卖菜的老太就能早点回家。”有时菜买得太多，她就给房东送，给邻

居送，乐此不疲。

那个小伙伴，如今一对儿女绕膝，夫妻恩爱，工作有成。我想，她的孩子们，一定也会在耳濡目染中传承到她的品德。

我也曾在一篇文章里写过我们的朋友Janssen先生的故事。Janssen先生在旅途中偶遇车子抛锚在路边无计可施的一家波兰人，他好心地停下车，帮他们修好车之后互留了电话号码。

这件事对会修车的Janssen先生来说，本是举手之劳。没想到的是，千里姻缘一线牵，车里波兰人的大女儿因为这件事对他萌生好感，两个人用谷歌翻译聊天，后来成就了一段美好的姻缘。

有心栽花花不开，无心插柳柳成荫。Janssen先生，因为自己乐于助人的一点善念，换来了一辈子的幸福。

真的像马克·吐温说的："善良，是一种世界通用的语言，它可以使盲人感到，聋子闻到。"

美国总统特朗普，虽然三次离婚，还曾经出轨，在做电视主持人的时候口没遮拦，但他最终还是击败了希拉里，成功当选。除了因为他确实具有领导才能以外，他的善良也为他的成功起到了不可忽略的作用。

在特朗普的书《谈判的艺术》里，讲到过这样一个小故事。农民希尔因为庄稼连续歉收，欠了银行三十万美元的债务，如果不能按期清偿，他将会失去祖辈经营了三代的农场。

对于农民来说，没有比失去土地更耻辱的事了。为了能让家人继续生活在这片土地上，希尔在买了一份保额可观的生命保险以后，开枪自杀。

可是，生命保险条款中有一项：自杀是不能获得赔偿的。他的遗孀是一位六十六岁的中学教师，在保险公司拒绝赔偿、丈夫丧命、银行上门要账的压力下几乎崩溃，这样悲惨的经历被当地电视台和记者报道后立刻成为全国性的新闻。

特朗普通过当地媒体主动找到了希尔太太，替她还清了这笔贷款。

这件事发生在佐治亚州波克县。多年以后，当特朗普竞选总统的时候，在佐治亚州几乎获得全票。

特朗普还曾派自己的私人飞机送一位三岁的孩子就医，从而让孩子的生命得以保全。他还给了吸毒的美国小姐康纳一次改过自新的机会，这个决定彻底改变了康纳的人生轨迹。康纳在成功戒毒以后，受雇于一个宣传远离毒品的非营利组织，现在奔走在美国的大街小巷，和很多瘾君子交流自己的经历，呼吁大家远离毒品。

了解到这些事实的女性选民，很多都成了特朗普的死忠粉。

多行善事，莫问前程。你的善行，就像你栽下的树，有一天，你自己也会被荫凉庇护。

如果说美貌是推荐信，那么善良就是信用卡。一次我带几个外国学生去天津参加活动，上车后发现，其中的一个座位被一位女士坐了。我正要请她把座位还给我们，土耳其的阿里用眼神制止了我。“我可以站，没关系。”他用不太流利的中文说。

一直到天津，阿里站了一路。下车后我说他太好心了，那个女士确实腿脚不便，但可以请列车员帮忙解决，不用你一路站着受罪啊。

阿里说：“我也就不方便几个小时而已，可她却不方便一辈子。我四肢健全，各个车厢晃晃，跟你们聊聊天，时间也就过去了。”

阿里其貌不扬，但在那一瞬间，我觉得他帅极了。

那些总是给予的人，收获的也必定是满满的温暖。

我不喜欢锦上添花，但却总是雪中送炭。我跟朋友们说，春风得意的时候，不用想起我来。但若是遭遇分手情变、工作不顺，她们总会找我倾诉，而我呢，心甘情愿做树洞，宽慰、建议，陪她们疗伤。

我付出时间和真心，她们亲热地称呼我“知心姐姐”。等我有事需要大家帮忙的时候，总是不用开口，她们就主动相助。

一路走来，顺风顺水。我知道自己的幸运都是从何而来，也知道自己还有哪些做得不够的地方。

人之为善，百善而不足。我们做过的好事，都是我们为自己留下的路标。人生之路是否通畅、在每条路上能走多远，除了实力，就要看我们的修为。

愿我们都能成为德艺双馨的人。

【20】先学会爱自己，再去爱别人

每一个我看重的节日，我都会送自己一件心仪已久的礼物。几天前，我给自己精挑细选了一串潘多拉手链，算是这个情人节犒劳自己的。

朋友说，咦，情人节不是应该给对方买礼物吗？你倒好，自己给自己买上了。

我说自己才是自己最好的情人。我最想要什么礼物，只有我自己最懂得。女人喜欢的东西，往往在款式和色彩搭配上讲究比较多，很难保证先生买的就是我喜欢的。

如果想要先生送我，或者需要暗示，或者要一起去挑，只是这样收到礼物后，就没有惊喜了。所以我先送给自己我最想要的，然后收到先生的礼物，不管是什么，都能起到锦上添花的作用，然后再一起出去吃个晚餐，这个节日，完美收官。满满的幸福，满满的仪式感。

好多单身贵族们，几天前就开始焦虑：情人节又到了，还是一个人，又得被朋友圈里的“狗粮”噎死，秀恩爱炫死。

我想对他们说，你们是单身，但你们不是狗，你们是贵族！像贵族一样，和你自己过一个精彩纷呈的情人节吧。脱单以后，你想要这样的机会也没有了呢。

你单身，一定也有同样单身的好朋友吧？约起来！穿上漂亮的衣服，化个精致的妆容，带上单反，冲到街头巷尾去。静立在阳光里，咔嚓按下快门；斜倚在围墙边，来一张思想者模样；跳起，尽显青春飞扬；小坐，午后惬意浅酌；逛累了，再拍一组慵懒的倦容。

之后，收拾好相机，一起去吃哈根达斯，然后逛街，送自己一个礼物，再然后，吃美食、看电影、抑或去逛书店，一切只凭你们的心意。

终于到家以后，你可以斟上一杯红葡萄酒，如果你愿意，你也可以发朋友圈。修好的照片里，你身材窈窕，笑容舒展。一个人，也照样可以把情人节过出味道来。

对自己好一点，因为你自己才是你一辈子的情人。而且这世界上，再没有任何人比你更懂你自己。

失败的时候，号啕大哭之后，你得给自己打气，安慰自己、鼓励自己站起来，你知道前面的路很难，你抱着自己，让自己勇敢。成功的时候，你在心里为自己喝彩，那种拨云见日的感觉，只有你才明白有多美好。

也要好好照顾自己，因为健康就是你的一切。给自己冲一杯热牛奶，给自己选一朵玫瑰，在城市昏黄的灯光里，给自己做一顿丰盛的晚餐。你可以是自己最忠诚、最亲密的情人，即使某一天你有了他，你仍然可以在一个人的时间，与自己对话，陪自己谈心。

再好的爱人，也难保证永远不会分手；再靠得住的伴侣，也不会像你自己一样，无条件地不离不弃。

安妮宝贝说过："能做自己喜欢的事就是幸福。"所以，对于聪明的女人来说，即使现在单身一人，也要让自己开心，这才是真正的爱自己。

全世界只有一个你，就算没有人懂得欣赏，你也要好好爱自己。去做个 SPA，去读本好书，或是出门走一走，换个心情。取悦自己很重要，因为很多东西，我们不想着给自己，就没有人能给。

即使有个很体贴的先生，我也不忘对自己好一点。每天保证八小时睡眠，注意营养搭配，不给自己太大压力，劳逸结合；有几个闺蜜，一起聚会、一起逛街。我从来都不是那个可以围着老公孩子转的女人，但是先生却很欣赏这一点。

他总说："女人，就是要有自己的圈子，有自己的爱好。这样的女人，才更娇俏可爱，他也才更放心，不用担心我觉得无聊，他又没时间陪。"

能把自己的小日子过得有声有色的女人，家里的气氛也才能活起来。从单身的时候就开始练习吧，爱自己多一点，把一个人的日子过得有滋有味起来。

"先爱自己，再去爱别人。"我的好朋友涵说，这句话，拯救了她。

涵暗恋单位一个男生很久，也曾大胆暗示过，可是那个男生总是揣着明白装糊涂，既不说行，也不说不行。

涵郁闷极了。她终日愁苦着脸，吃不香睡不眠，她甚至一度放任自流，不化妆，没有心情买新衣服，每天机械地去上班，盼着能看到他，可见到之后，他那不咸不淡的态度又强烈地刺痛着涵的自尊心，又急切地盼着下班。

时间久了，涵觉得实在没有希望了，可是又走不出来。她越是苦恼，越是长痘痘，越是不修边幅。某次看书，涵看到一句话："先爱自己，再去爱别人。"她突然豁然开朗，决定好好对待自己。

"他不爱我，我要做自己的情人。"涵说。她开始去痘、磨皮，又做了痘印填充。等到皮肤恢复，她重新化妆打扮，本来就有几分姿色的涵，很快焕然一新。

那个男生，好像现在才注意到涵的魅力，他变被动为主动，对涵展开追求，但是涵没有答应他。她说："自从好好爱自己以后，她觉得，自己值得拥有更好的。"

你不必羡慕别人，找到了那个对的人。耐心一点，你的爱情，可能已经在路上了。当然，也要趁一个人的时候，好好享受这份自由，对自己好一点再好一点，无论是物质上还是精神上。

【21】是什么把软妹子变成了女汉子？

朋友菲是我中学时期闺蜜的姐姐，那时候跟闺蜜去她家，每每都要对她姐仰视。按现在的话说，她就是我心中的女神。一米六五的个子，喜欢穿白色连衣裙，长发披肩，袅袅婷婷，未语先笑，笑意中带着点腼腆。

我们学校里有一株白玉兰，每次盛开的时候，我就自然地想到菲。“净若清荷尘不染，色如白云美若仙。微风轻拂香四溢，亭亭玉立倚栏杆。”高中毕业的时候，我给闺蜜送纪念品，同时送给她姐一张卡片，上面写了这首诗。

大学以后，再去她家玩，大家自然就都成了朋友。菲那时已经在银行上班，却还是一副温文尔雅的大小姐模样，说话轻柔，未语先笑。只是穿上工作服的时候，这样一个软妹子，竟也有了些英气。

后来菲升了大堂经理，再后来，跟另一家银行的客户经理谈起了恋爱。两个人你侬我侬地走进了婚姻，结婚那天，菲小鸟依人，幸福挂在脸上，甜在心里。

可是婚后，情况却发生了巨变。婆媳关系的恶化，最终没能挽救这段因爱情而结合的婚姻，两个人遗憾分手。男人本来也没有斤斤计较，但是婆婆，却铁了心要让菲净身出户。菲一生气，也较起真儿来，她请了律师，将男方家告上法庭，要求房子和财产一人一半，撕破脸皮之后，男人也不甘示弱，两个人在法庭上唇枪舌剑，感情瞬间化为灰烬。

菲如愿以偿地拿到她该得的部分，但她并没有什么成就感。倾尽所有爱过，最终却是这样的下场，彼时的不离不弃，变成今日的含恨各奔东西。重感情的菲，后来单身了好多年，她将披肩长发扎成马尾，一门心思扑在工作上。

她一个人看房买房，跟中介周旋讲价；装修的时候，她自己去各大装修市场，货比三家，买回材料；找装修团队的时候，她在网上看攻略，跟装修小哥斗智斗勇；周末的时候，她亲临装修现场，在粉尘乱飞被砸得乱七八糟的屋子里，给工人分发矿泉水，并监督他们有没有偷工减料。

我完全没有想到，那么淑女范儿的菲，性格里竟也有这么汉子的一面。但我欣赏极了这样的菲，一副我离了谁都能活的傲娇样。

其实好多娇娇女，不是坚强不起来，只是没走到那一步。如果被生活碾压，山穷水尽的时候，大部分都能一百八十度大逆转，置之死地而后生。

刘涛在《琅琊榜》中饰演的霓凰郡主，攻气十足。她武功高强又智谋过人，在满朝乱局中可以独善其身，但在与梅长苏长亭相认的时候，却柔情似水、楚楚动人。

刘涛不仅在剧中刚柔并济，在现实生活中，她也是兼具女汉子和软妹子的双重性格。可能很少有人知道，早在2006年，刘涛曾在某汽车赛中夺得女子组冠军，是内地第一位获得赛车冠军的女明星，身着赛车服的刘涛英姿飒爽，比身边的几个男选手还要帅酷。可她在当“特奥会”大使的时候，一袭白衣，款款而行，似仙女下凡。

2007年，刘涛嫁给身家几百亿的王珂，并在婚礼当天宣布息影，决定退居家中，相夫教子，做一名贤妻良母。第二年，王珂破产，一度萎靡不振，失眠、脾气暴躁、乱摔东西，甚至提出离婚。刘涛拿出了自己的全部积蓄，可仍然是杯水车薪，为了支持丈夫，她曾一年拍了十八部戏。

退可为夫君洗手煮羹汤，进可霸气赚钱养家扶持他，刘涛的人生，是一个大写的恢宏。其实，每一个女孩的骨子里，都有女汉子的特质。

初到北京的我，刚搬到和同事合租的两居室里的时候，就着昏暗的路灯，去超市里买了大米和炒锅，还有各种油盐酱醋，拎着快二十斤的东西，手被购物袋勒出一条条印痕。回去后打扫刷墙，自己爬高挂窗帘，清洗带着厚厚污渍的抽油烟机，保险丝烧了自己换，电视坏了自己修。

那个时候，我觉得自己无所不能。可自从遇到先生，我又成了那个矿泉水瓶盖都拧不开的弱女子，手无缚鸡之力。

其实不是装弱，只是有了一个可以替你遮风挡雨的人，心一下子就柔软下来。没有几个女人，天生喜欢冲锋陷阵，即使在职场不得不奋力拼杀，回到家，在那个喜欢的男人身边，也甘愿柔情似水，眉目含情。

每一个正在拼命的姑娘，心里都有太多无奈。“我若不坚强，懦弱给谁看？”为了过上自己想要的生活，在如今物欲横流的社会里，她们只好包裹起自己的柔弱，披上铠甲，为自己披荆斩棘。

听着黄小琥的歌《没那么简单》，反复唱着那句“总是不安，只好强悍”，许多软妹子，就在成为女汉子的路上，一去不复返。但在我眼里，软妹子和女汉子，都是褒义词，每一个女生，都同时具有这两种特质。

杨绛在钱钟书先生的《围城》大火之前，早已名声在外。她写的话剧《称心如意》，在金都大剧院上演后，迅速走红。她精通英语、法语和西班牙语，后来还翻译了《堂吉诃德》全集。如果她一直以学术为中心，她在中国文学史上的地位，一定比今日更声名鼎沸。

但是，因为有钱钟书，她甘愿做幕后。钱钟书从小生活在优裕的家庭环境中，对生活琐事可谓一窍不通，杨绛便很自然地担负起照顾先生日常起居的事务。

杨绛在英国医院待产的时候，曾有过这样的场景。某天钱钟书先生去医院探望她，说："我做坏事了。"原来钱钟书打翻了墨水瓶，把房东家的桌布染了。杨绛说："不要紧，我会洗。""墨水呀！""墨水也能洗。"然后钱钟书就放心地回去了。

可第二天他又做坏事了，这次把台灯给砸了。杨绛说："不要紧，我会修。"钱钟书先生又放心地回去了。过两天他又满面愁容地说："把门轴弄坏了，门不能关了。"杨绛说："不要紧，我会修。"等杨绛出院回来之后，果然全部修好了。

杨绛退出华丽的职场女性角色，洗净铅华，心甘情愿地做家务事上的女英雄。一切，也都是因为爱。

我们何必纠结，自己到底是女汉子还是软妹子，我们本就是雌雄同体的新时代女性。平时收起身上的刺，做一只温柔的人畜无害的弱女子；但若生活虐我们千万遍，我们也能披甲上阵，怼怼生活。

女汉子，是在如今激烈的社会竞争中，软妹子们用来保护自己的盔甲。但透过假装坚强的外表，里面无一例外的，是一颗渴盼被疼爱的温柔的心。

第五辑

幸福需要的钱，真没有想象得多

【1】《人民的名义》里的婚姻，为什么大都不幸福？

《人民的名义》里，市委书记李达康眼里只有 GDP，头脑里只有工作。他是人民的好干部，却不是妻子欧阳菁心目中的好丈夫。

欧阳菁从无怨无悔地默默支持，到最后的不满和唠叨，一个事业上的女强人，在生活里活成了一个十足的怨妇。她渴望的，他给不了她；她想要的，他无法满足。婚姻里不幸福，但她却不愿意离婚，分居八年，她一边忍受着无爱的日子，一边享受着市长夫人的光环，权衡利弊，在利益面前，她选择了凑合。

高育良和吴惠芬，则是在离婚以后，还在人前秀恩爱，装伉俪情深。离婚不离家，丈夫在外面早已偷偷和别人成婚，孩子都有了，可吴惠芬这边还在辛苦地演着戏。离开丈夫，去过自己的日子，作为一个高知女性、一个大学教授，吴惠芬并不是活不下去，但她却选择了和丈夫一起做秀。当侯亮平问她："高老师都和高小凤结婚了，你们还长期在一个屋檐下生活，这样好吗？"吴惠芬意味深长地答："不在一个屋檐下生活就更不好了。"

而祁同伟和梁璐，更是中国万千家庭的缩影。梁璐明知祁同伟已出轨，却打落门牙往肚里吞，忍辱负重，将就着过活。

这几个家庭，爱情早已不在，这几个能干的女人，内心也早已千疮百孔。但为什么她们选择忍气吞声，选择不离婚，甚至离婚不离家呢？仅仅是权利带来的荣耀和便利吗？当然不是。这样选择的根本原因，是受中国几千年家庭文化的影响，是中国式婚姻的悲哀。

在中国，结婚的原因有很多。除了爱情，还可能是因为年龄大了、父母着急了、想要孩子了、同事朋友都结了等等，也可能是因为相处久了、女方怀孕了、对方有户口、对方家境不错。

而这些，基本都不是结婚的理由。结婚的原因只有一个，那就是“爱”，因为相爱，所以想跟对方厮守终身。

因爱结合，那么如果没有了爱，两个人也就必然走到离婚这一步。孩子不是凑合的借口，因为结婚或离婚，就只是两个人的事。

中国的婚姻，往往复杂得多。结婚不仅仅是两个人的结合，更是两个家庭纠缠到了一起，甚至是双方的社会地位互相渗透，扎根在对方的势力圈里。中国的夫妻，即使感情破裂，也要考虑诸多因素：父母老了，能不能接受这个打击？孩子还小，会不会造成心理阴影？离了婚，生活质量会不会下降？当初羡慕自己的人，现在会不会笑话自己？

我总觉得，中国人活得太累。他们不是为自己活，而是在活给别人看，他们考虑到上一代、下一代，以及生活中的看客，唯独没有考虑自己幸福不幸福。

仔细想想，那些理由都站不住脚。父母一代，自然是希望自己的儿女幸福，在一段感情破裂的婚姻里挣扎，显然不是他们想要的。爱父母，多回去陪陪他们是最好的表达方式，而不是用自己的不幸去成全他们的面子。至于孩子，从小生活在没有爱的家庭里，才是对他们最坏的摧残，在高质量的陪伴下成长的孩子比在冷暴力里长大的孩子，心理要健康得多。

至于外人怎么看，那是他们的事儿，我们何必在乎，我们只用为自己的幸福负责，认真去倾听自己内心的声音。

在欧洲，俊男配美女的现象最常见，走在大街上，身材高挑、相貌英俊的男孩子旁边，大部分是同样秀色可餐的美少女，而不是像在中国，经常会看到油光满面开始秃顶的中年男人挽着年轻貌美的女孩。龙配龙凤配凤，这句中国的俗语，用在西方情侣身上倒是真的合适。

这是因为，这里女孩的择偶标准不是房子、车子、资产，而是年龄、相貌、性格。幽默风趣的男孩最受欢迎，聪明能干的也很抢手，相处舒服的、体贴温柔的，也都能找到不错的妹子。不像在中国，提到结婚，先谈房子。

BBC 的系列节目《中国式婚姻》里，记者表示：在中国结婚不是一种选择，而是一种义务。为了结婚，中国人去相亲，去上约会训练班，甚至去整容。

记者在合肥的相亲现场采访了一位陪儿子来相亲的妈妈。

记者：您儿子为什么找不到女朋友？

大妈：因为他工作的地方都是男的。

记者：他准备好结婚了吗？

大妈：准备好了，房子已经买了。

这个国外的记者怎么也没办法理解，买了房子，就是准备好了结婚。她的理解里，准备好了结婚，应该是有一个自己愿意和“TA”过一辈子的人，可以承担起一辈子互相照顾的责任。

把结婚当成义务，很容易导致中国式婚姻的悲剧：好不容易结了婚，花了几年的积蓄办了一场盛大的婚礼，即使后来发现过不下去，也要努力去凑合。因为，好歹是要结婚的，真的没有那个精力，从头再来。

中国社会，谁过得好不好，往往用经济情况来衡量。我们经常听到这样的话：× × 现在过好了，在北京买了几套房，孩子送到国外上大学了。或是这样的：她啊，过得好着呢，找了个有钱的老公，住着别墅，开着豪车。

只要你政治上一路升迁，物质上丰富奢华，那你就是过上了幸福的生活，很少有人从夫妻感情的和谐上去看你过得怎么样。为什么欧阳菁、吴惠芬和梁璐在婚姻里将就凑合？除了享受权利带来的便利以外，还因为她们没有勇气打破别人觉得她们幸福的人设！

中国还有很多家庭，为了事业，为了赚更多的钱，小两口过着周末夫妻甚至月末夫妻的生活。

老刘是我的一位男性朋友，妻子在远郊一所医院工作，而他在市里自己开了家公司，他半个月回去一次，看看老人，常常连妻子的面都见不到，因为妻子的工作忙，又经常值夜班。一次他喝完酒说了真话，说他跟妻子，一年里大概只有四五次性生活。

我们说，你何必这么辛苦，家里又不是缺钱，在郊县找个工作，两个人就不用这么苦地异地了啊。他摇着头说："孩子要出国读研究生，还得给他攒第一桶金。至于夫妻嘛，早就没了多少感情，那一年的四五次，也是互相尽着义务，时间长了，彼此习惯了没有对方的日子，两个人各玩各的，心照不宣。"

我听得脊背发冷，感情变淡，也不会离婚。两个人一起，劲儿往一处使，多挣点钱，帮孩子改善生活质量，他们觉得自己很伟大、很无私。或许，他们是真的太无私了——他们从来不管自己过得幸福不幸福。

而在国外，大家可不这么想。他们宁愿其中一个人放弃工作，也要两个人相守在一起。

前年的时候，我有一个在鲁汶大学工作的机会，但由于离家太远，如果我接受这份工作，就得在鲁汶租个小公寓，周末才能回家一次。

先生坚决反对这个建议。他说如果我一定要接受这份工作，他就辞职，跟着我去鲁汶，他在附近再重新找一份工作。他苦着脸说："我们费了那么多周折，就是为了在一起，现在倒好，好不容易一起了，却又要分开。"

后来思考再三，他辞职太不合适，我只好忍痛割爱放弃了这个工作机会。现在我慢慢接受了他的观点：钱够花就好，孩子最需要的，不是多么丰富的物质生活，而是有爸爸妈妈一起陪伴的童年。

为了赚钱，浪费了本可以相守的日子，错过了孩子成长的一些瞬间，那多遗憾。

欧洲人的观念里，家人一起度过的时间，是最值得珍惜的。而对于很多中国家庭来说，物质的极大丰富才是最重要的。

电视剧《假如生活欺骗了你》里，男的因为攀了高枝而放弃了青梅竹马的恋人，一直不幸福，郁郁寡欢；女的也负气嫁给了自己不爱的人，婚后各种吵闹痛苦，最后罹患癌症，临终时，她瞪着一双眼睛喊不甘心，觉得自己一辈子白活了。

这样的中国式婚姻，数不胜数。为了利益、为了面子、为了孩子，虽然厌倦，却没有勇气走出婚姻的囚笼，把自己终身监禁在里面，毁了自己一世的幸福。

当然，我并不是说欧洲人的婚姻状况有多好，他们也有自己的问题，比如高离婚率。但我仍然觉得，凑合是最要不得的婚姻。

欧洲夫妻，过着过着，生活中的一地鸡毛冲淡了感情，和平分手是最正常的解决途径。当然也有婚后遇到了第三者的情况，不同的是，不管是男方还是女方，都会坦诚相告、道歉，但不求原谅。明确告诉对方自己爱上了别人，这段婚姻，已经走到尽头，而对方，即使生气、怨恨，也不会死不放手。

因为他们懂得，没有了爱情，婚姻就没有了维系下去的必要。低质量的相处不如高质量的单身，将就和凑合，是最悲哀的、最不道德的婚姻。

【2】《欢乐颂2》：时代的傲慢与偏见

《欢乐颂 2》的台词，用了很多鸡汤文里的“金句”，剧情也有些拖沓，但这完全不影响这部剧的热播。因为，我们每个人，都有可能从剧里看到自己的影子。毕竟人们总是更喜欢看与自己有关的故事。

“五美”分别代表了现实中的五种女孩：

安迪代表依靠自己的实力，成长为商界精英的才女，她们思维缜密，行动力强，有颜值、有能力，所向披靡。

曲筱绡代表含着金钥匙长大，不愁钱也可以不努力，任性却仗义的富二代女孩。

关雎尔，从名字就可以看出她的书卷气，出生在官二代家庭里的乖乖女，听话安静，有自己的想法，却往往身不由己。

樊胜美，出身底层，被原生家庭累到筋疲力尽，自己省吃俭用，攒下来的一分一厘却要拿去填家里的无底洞。

邱莹莹呢，普通工薪阶层的女儿，只身在大城市奋斗，父母虽然宠爱，却帮不上任何忙。

邱莹莹知足常乐，不像樊胜美那么虚荣，也没有沉重的枷锁，按说是可以小富即安、过着平淡和乐的日子。但是，她个性里的懦弱以及对爱情的依赖，注定她只能在一路顺风的情况下幸福。若是受一点打击，她就整个儿蔫了，看周围的一切就都不美好了。

这一点，从她跟应勤分手后的表现就可以看出来。她内心不够强大，遇到挫折，大脑短路，口不择言，就连朋友的好意也领会不了。

爱情，从来都是锦上添花的奢侈品，我们不能把它看成生活的必需品，离了爱情，就要死要活。

这一点上，安迪就比较拎得清。虽然她跟奇点分手的时候也痛不欲生，但她该干吗干吗，说话做事，仍然得体有分寸。情商和智商，总得有一样在线上。但影响安迪幸福的因素，是她童年的记忆，那是她埋在心底里的伤，这让她无法敞开心扉接受一切。

樊胜美的人生，很难幸福。她要的太多，而且总是索取、索取。王柏川一开始是无怨无悔地爱她，全盘接受她那问题重重的家庭。但是，樊胜美一边要他赶紧赚钱买房，另一边，又在他陪客户、加班的时候，一个接一个的连环索命“call”，让他给她家里的那点破事出主意想办法。

即使王柏川那么爱她，她仍然不满意，埋怨、责备、无理取闹，让那个百依百顺的王柏川，也开始关机冷落她了。即使他们之后能够走下去，樊胜美估计也总是不满足。

关关的性格，倒是一个应该会幸福的人设，她不攀比、不逢迎，又很努力。只是对于爱情，她不愿意将就是好事，却又有些过于理想化，不知道编剧如何安排她的命运。

其实，在现实生活中，曲筱绡这一类人，是最容易过上幸福日子的那一群。

01 敢想敢做，不瞻前顾后

喜欢的人就去追，追上了就享受战果，追不上就即刻翻篇。她当然也有小女孩情绪，春节期间盼望着赵医生的电话和信息，但是，她不会患得患失。

“你不联系我，我赚钱去。”她化郁闷为动力，雷厉风行，说做就做，拉着行李箱，马上去国外谈生意。

生意谈成了，拿下了项目，她又开始惦记她的小情小爱了。她挂了号，扮作病人去见赵医生，几个眼神和表情，几句热辣大胆的话语，赵医生就乖乖就范了。

别看她泼辣大胆，但她可是粗中有细。她知道赵医生以工作为重，挂号的时候，机智地挂当天的最后一个名额，这样赵医生才可能给她时间，让她施展自己的媚术。

她，这样活着才痛快。简直就是个小妖精，每一个解风情的男人，都能被她迷得不要不要的。

02 了解自己，不妄自菲薄

赵医生说她没文化，她说：“对啊，我就是没文化，没文化怎么了。”她知道自己的不足，但也明白自己的优势。

她跟关关说：“我是说不出那些高深莫测的词，听起来很了不起的样子。但是，我知道怎么报关，运费能达到最低；我知道怎么检测，风险能控制到最小。”

她也愿意为了迎合赵医生，去学一点跟音乐相关的知识，但是学不进去又被赵医生识破后，她干脆不再勉强自己。

你有你的特长，我有我的优势，我不用踮着脚去讨好你。而赵医生呢，恰好喜欢她这一点。

“五美”里的几对，曲筱绡和赵医生的爱情是最健康的。在一起的时候，黏到不行；分开的时候，各自独立，认真工作。

她也有打电话跟赵医生诉苦、求救的时候，但更多的是撒娇、吐槽、求安慰，这跟樊胜美完全依靠王柏川，有着本质的不同。

曲筱绡的性格，决定她可以自个儿处理一切事务。

03 争取该得的，绝不手软

当她得知同父异母的哥哥在外面包二奶的时候，她使尽各种手段，让她爸爸又爱又恨。家里的财富，是曲筱绡的妈妈和爸爸共同打下的江山，这个哥哥呢，不务正业、花天酒地，是可忍孰不可忍。

当别人侵犯了她的权益的时候，她不是逆来顺受，而是敢于维护自己的权利。曲筱绡在这一点上，果断出手，毫不犹豫。

她可不是任人捏的软柿子。

04 仗义执言，刀子嘴豆腐心

季羡林曾说，回忆这一辈子，他交的朋友，应该是“硬骨头、心肠软；无哗众取宠之意，有实事求是之心；考虑个人利益也为别人考虑；关键是个真字，是性情中人”。

曲筱绡太符合季老对朋友的要求了，她对二十二楼的其他四个姐妹，从来不说好听的，但是只要谁有困难，她就会慷慨伸手。她说话不好听，为此没少得罪人，尤其是邱莹莹，甚至把她当作“敌人”。

但是当邱莹莹被应勤分手的时候，她对应勤大打出手；后来莹莹生病，她又撒娇求赵医生帮她看病；她还给莹莹出主意，让她的咖啡能多卖出去一些。

“应勤跟你分手，是因为你不是处女，和我没有半毛钱关系好不好。”她当面做恶人，背地里却极其愧疚。

好在赵医生懂得她的好，他明白她逞强的背后，是一颗善良的心。

05 大大咧咧，没有过不去的坎儿

这一点至关重要。人生中的大事，比如失恋、失业、破产、大病……这种事放在其他“四美”面前，樊胜美会独自流泪，邱莹莹会哭哭啼啼，安迪会耿耿于怀，关关估计也会日思夜想、不能释怀。

唯有曲筱绡这个主儿，可以大哭一场，从头再来。

后面的剧情里，曲筱绡家遭遇破产。即使经历这样致命的打击，要不了多久，曲筱绡又满血复活，还是那个精灵古怪的小妖精。

其实，做女人要想幸福，就需要跟曲筱绡学着点儿。不想着索取，不总是依附；凭着良心，做自己想做的事；了解自己的缺点，但也自信满满；想要的就去争取，得不到的就挥一挥衣袖，潇洒作别。

最主要的，是要有一颗豁达的心。一切都没什么大不了，只要你身边有一个懂你的人。开豪车眉飞色舞，坐公交也可以喜笑颜开，当然，毒舌就不要学她了，积点口德，你就活得比曲筱绡还精彩。

【3】范雨素：即使脚踩泥泞，也要仰望星空

从来没有哪一篇文章，像这两天的《我是范雨素》如此强势地一遍遍刷过我的朋友圈。而且，转发的都是清一色的高知人士。

认真读下来，我也被一种情愫感动着。一篇好文，不一定要文采斐然，最重要的是有真实的情感。范雨素用朴素诙谐的语言，写了她四十多年的人生经历，她不向命运屈服的母亲，她有文学梦的大哥，她身有残疾的会写诗的小姐姐……

这是一群在社会最底层挣扎的人。但他们，每一个都平凡又不平凡。因为，不管多苦多难，他们都永不言弃。

扪心自问，如果这篇文章的作者，不是一个月嫂，不是只有初中学历的农村女人，我们可能不会这么感动。触动我们心弦的，是她经历了如此多的苦难，却能像讲别人的故事一样，娓娓道来。

她的淡定与从容，更加激发了我们对她的崇敬。一个十二岁就当了民办教师（一篇采访稿中说是初一辍学，另一篇说是初中毕业，十二岁，应该是初一辍学的可能性较大。）、二十岁只身闯北京的勇敢女孩，因为涉世未深嫁错了人，不堪忍受家暴愤然带着两个女儿离开，从此只身一人抚养两个孩子。所有的不幸，都落在了她的身上，她跟所有母亲一样，为了保护孩子，自己成了打不倒的战士。

两个女儿要养活，自己要吃饭，她不得已去做月嫂。跟着雇主去朋友家吃饭，别人往往把最便宜的菜摆在她面前；有时候她要先喂孩子，轮到她吃的时候，女主人一声不响地给了她一双一次性筷子。

范雨素不是一个麻木的人，她是有着强烈自尊的底层女子。这些举动常常让她感觉到羞辱，但是，她连反抗一下的可能都没有，

她得挣钱，她和女儿得活着……她没有退路。

她在雇主家精心照顾别人的孩子，自己的两个女儿却没有人陪。半夜里，她想到自己的孩子没有妈妈陪，眼泪不由自主地掉下来。但是人前，她始终是一副坚强的样子。

她的母亲，那个一字不识的农村妇女，尤其让我敬佩。范雨素的大姐生病，母亲二十年如一日，从来没有放弃，她带着虔诚的希望，相信中医西医甚至神医，奔走了二十年，直到最后大姐不治而去。

她的大哥，心怀文学梦想。他沉迷文字，活成了新时代的孔乙己。希望破灭以后，为了活着，他不得不干起农活儿，耕田播种，顽强地对抗命运。

她的小姐姐，喜欢诗歌和阅读，却在十二岁之前都不会走路。

这个家庭，真是个苦难的家庭，贫穷和病痛伴随着他们，一直伴随着。

但这个家庭也是幸运的，年轻一辈里，没有目不识丁的文盲。他们有书，有精神的寄托，尤其是范雨素，在那么个小地方，她竟然能搜集到世界名著。她渴望书的滋养，遨游在文字的海洋，贫穷不可怕，只要精神是富足的，不开心的时候，她就觉得是因为书看少了。

“活着就要做点和吃饭无关的事情，满足一下自己的精神欲望。”范雨素说。这句话，实实在在地打动了我。

中国有上亿范雨素这样的底层劳动者，他们跟她一样经历着贫穷。但他们，活得比范雨素悲哀，因为他们的生活里，一切都是为了吃饭。

睡觉，吃饭。赚钱，吃饭。唠嗑，吃饭。打牌，吃饭。他们的生活里，只有这几件事。“精神欲望？什么是精神欲望？跟我谈这些，简直可笑之至。”他们说。

现实生活中，有太多的“闰土”，迫于生活的压力，他们彻彻底底地忘了初心，被社会打磨得面目全非。

但范雨素没有成为“女版闰土”。即使要做月嫂，要看别人脸色；即使在皮村附近的小学里，做着月薪一千六的老师；即使她的大女儿，连学都上不了，但她也没有放弃经营自己的精神世界。她参加了皮村的文学写作班，她给女儿买了一千多斤的书，让她在家自己读。

如果她没有去写作班，我们也就看不到今天的这篇文章。她可能像她大哥一样，写了东西，在自家案头落满尘埃。

如果她没给大女儿买那么多书，女儿也就没有今天的成就。范雨素说，她不觉得学校教育和社会教育有什么好，家庭教育才最重要。她的大女儿虽然没有机会上学，但她继承了妈妈好学的基因，自学了好几门手艺。才二十岁，就找到了一份不错的速录工作，年入九万。

读书、写作、不放弃，成就了范雨素。这个成就，不是经济上的宽裕，而是精神上的救赎。

贫穷和苦难，往往毁灭了人的思考能力，让人只是行尸走肉地活着。但一个一直阅读的人，她的眼睛不会被蒙蔽，一切在她眼前，都像是妖孽现了原形。所以她能看到，雇主的如夫人，半夜化好精致的妆容，不安地等着老公回家；所以她能看到，打工子弟学校的混乱和辍学的孩子们背后的心酸。

她身处最底层，用平视的角度写出底层人的生活，却不是祥林嫂式的抱怨，不是倒苦水求帮助，而是冷静地阐述事实，理智地写自己的经历。

范雨素打动了我，但打动我的，并不是她的文采。确实，她行文流畅，语言幽默，可并不是像有些人所说，是因为她写文的功底了得，属于“老天爷赏饭”。个人觉得，这篇文章没有注意详略，生活里所有出现的人一并纳入，从而显得有些松散。

范雨素在接受记者采访的时候，也坦诚地说，这篇文章原来的题目叫《我的母亲》，编辑让她写一些关于自己的事情，她就写了一些，交给编辑，文章是编辑“整理”的。因而题目是写自己的，里面却用大量文笔去写了自己的母亲。

最出彩的，是文章的开头：“我的生命是一本不忍卒读的书，命运把我装订得极为拙劣。”可这一句，却属于引经据典。席慕蓉的诗歌《青春》里，有这么脍炙人口的一句：遂翻开那发黄的扉页，命运将它装订得极为恶劣，含着泪，我一读再读。

一篇好文，思想和精神才是最主要的。范雨素生活艰难，但她的精神世界却比很多人丰富。

范雨素打动我的地方，是她的坚强，是她的举重若轻，是她以文学对抗苦难的做法：即使脚踩泥泞，也要仰望星空。这个有大智慧的普通女人，怀着对文字的敬意，在四十四岁这年，用一篇文章，让人们看到了一群范雨素们。她们钱虽不多，但过得同样充实、饱满、丰盛。

【4】听说，你还没过上你想要的生活

周末阳光明媚，我约了英茹和叶小妞小聚。

这条小街上，一溜儿都是餐馆，一家家挨着走过去，突然眼前

一亮，一间装饰独具特色的小屋子，吸引着我们走了进去。

它的与众不同，在于布置上的用心，每一个小物件小饰品，都仿佛带着生命。女主人给我们介绍，那些小物件，来自泰国、埃及、马来西亚、印度、南非等不同国家。

“都是我去旅行的时候，精挑细选的。每次看到这些东西，满满的都是关于旅行的回忆。”她说。

“可是，这些来自不同国家不同民族的小玩意儿，归置在一起，怎么会这么协调呢？竟毫无违和感啊。”我们惊讶。

“可能是因为，都是我喜欢的吧。每个人，她选择的饰品，她的穿衣打扮，她做事的方法态度，一定是带有那个人的特点的。”女主人说。

说话的时候，又进来两桌客人，她随手把客满的牌子挂在了门外。

“不是没客满吗？况且现在才两点钟啊。”我们讶异。

“每天下午，我们会关门两个小时。工人们准备晚上的食材，我呢，”她朝墙角放着的一架钢琴努努嘴，“我练一会儿钢琴。赚得够花了，该投资的投资了，养老金也备上了，没必要那么拼死拼活了。”

女主人忙着招待其他客人了，我们仨一片唏嘘。很少看到四十来岁的生意人有这么好的雅兴，难怪这家店，装饰得如此优雅脱俗呢。

谁说中国人只会挣钱？也有很多中国人，他们会赚钱，更会经营自己的小日子，把生活过成了自己想要的样子。

吃着店里纯正的中国菜，小妞一脸艳羡地说：“为什么别人都过得有声有色，我还没过上我想要的生活呢？我若是有钱，我也要像她这样好好生活。”

“把日子过得有滋味，可不是有钱就可以的。”英茹打趣她。

“小妞，以你现在的条件，你完全可以去做你想做的事儿啊。”叶小妞是我的高中同学，她的老底儿，我太了解了。

她读的美专，毕业考了个教师资格证，去一所学校教画画儿。过了一段时间，她觉得教书太无聊了，辞职做起了淘宝。

她卖的韩版衣服，在中学生中颇受欢迎，生意一度火爆。那时候她就跟我们说，等她赚到某个数字，就要自费去办个画展。我们都积极支持她，毕竟，画画儿是她的特长，也是她的兴趣所在。

后来，小妞终于赚到了目标数目，却没有真的去画画儿，而是去给一家卖兰蔻化妆品的网店做总监，名头响亮，有制服有胸牌。小妞觉得挺神气，就忘了自己的梦想。

“等我再多赚点，不然总没有安全感。”可是，三年后，当她再次辞职的时候，她仍然没去画画儿，而是去了一家教育培训中心做教师。

“就目前来说，还是赚钱最重要。”小妞说。兜兜转转十来年，小妞还是没过上自己想要的生活。

我们身边，有多少像小妞这样的人，无法让自己慢下来，被追赶着向前、向前……他们明知道现在的生活不是自己想要的，却没有勇气改变。

很多人过得不好，真的不是因为穷，而是不懂得放慢脚步，发现生活中的美好。

李开复在患淋巴癌治疗期间，去朋友家里玩，发现朋友家里的桂花很香。朋友说：“每年都是这个样子啊，一开花满院香气四溢。”李开复这才意识到，他虽然经常出入朋友家里，但因为总是忙于工作，从来没注意到院子里的桂花。

《浮生六记》里，沈复笔下的芸娘，就是一个能把穷日子过出滋味儿来的可爱女子。沈复家境并不殷厚，何况他从来不想着赚钱，是个活在理想世界的人。芸娘嫁过来之后，经常要靠她做女红补贴家用。

可芸娘是一个极富生活情趣的女子，在她的影响下，两个人虽然贫穷，却过得诗情画意。

她聪明灵秀，很小的时候，别人教她《琵琶行》，她很快就能背下来。长大后，“刺绣之暇，渐通吟咏，有‘秋浸人影瘦，霜染菊花肥’之句”。

她充满情调，把艺术才情带入日常生活，与沈复共做假山一盆，仿效写意画的风格，将昆虫刺死作为盆景的点缀，观之宛然如生。

她喜欢美文美景，善于制造生活小情趣——“夏月荷花初开时，晚含而晓放。她用小纱囊撮茶叶少许，置花心，明早取出，烹天泉水泡之，香韵尤绝”。自制荷花茶，这么独具匠心的事，只有芸娘这么可爱的女子才能做到吧。

谁说没钱就不能好好生活？懂得在当前的条件下，把日子过到最好，你的生活就有了品质。

好的生活，是因为深情，因为精致，因为没有功利心，享受自己在做的事。而许多人，却爱拿没钱做借口。

“如果我有钱，我也要去环游世界。”

“如果我有钱，我也可以去健身。”

“等我有钱了，我要买个大房子，厨具都要最好的。我要和爱人一起做饭，好好享受生活。”

其实，将就凑合的穷人，有了钱，生活也上不了档次，惯性思维让他们还是不懂生活。或者，就是走向另一个极端，开豪车，穿名牌，包二奶，声色犬马。

你想要的生活，或许并不需要许多钱。牵着爱人的手散个步，郊外的野花，也能让你嗅到春天的气息，陪着孩子去打一场篮球，雨后的清新，伴随着孩子的奔跑，沁人心脾。

“小妞，你比我有钱，但你没有我放松。”英茹说。我赞同地点头，挑战似的看着小妞：“请个假，我们去旅行，如何？”